U0332298

生态智慧堤防建设
关键技术

钟鸣辉　凌耀忠　范穗兴　著

中国水利水电出版社
www.waterpub.com.cn

·北京·

内 容 提 要

本书介绍了生态文明、水生态文明、生态水利与智慧水利的发展历程和进展，率先提出了生态智慧堤防的建设理念、基本概念、内涵和主要技术要点，并以广东省飞来峡水利枢纽社岗防护堤工程为对象，研究了堤防工程如何适应新时代生态文明建设和现代信息技术浪潮，提出并实施了"安全可靠、生态优先、系统设计、整体生态、以人为本、文化融合、智能感知、智慧管理"的建设原则；创新采用"技术、生态、经济"三因素方案比选设计新方法进行主要技术方案比选，试验研究了新型塑性混凝土防渗墙配合比，创新研制了塑性混凝土防渗墙接头新工法，实现了弃渣 100％资源化利用；工程采用系统化绿色节能生态技术，水生态与水文化融合技术，太阳能智能安全监测系统，防洪、巡视、治安监控三位一体智能化监控技术，首次分析界定了堤防工程生态效益计算范围和内容，并提出多种方法进行定量计算，突破了生态效益仅进行定性描述的传统做法。

本书可供从事水利、水务、市政、规划、生态环境、水土保持等工作的科研和工程技术人员参考，也可供大专院校相关专业师生学习参考。

图书在版编目（ＣＩＰ）数据

生态智慧堤防建设关键技术 ／ 钟鸣辉，凌耀忠，范穗兴著. -- 北京 : 中国水利水电出版社，2021.7
ISBN 978-7-5170-9932-1

Ⅰ. ①生… Ⅱ. ①钟… ②凌… ③范… Ⅲ. ①堤防—防洪工程—研究 Ⅳ. ①TV871

中国版本图书馆CIP数据核字(2021)第180635号

书　　名	**生态智慧堤防建设关键技术** SHENGTAI ZHIHUI DIFANG JIANSHE GUANJIAN JISHU
作　　者	钟鸣辉　凌耀忠　范穗兴　著
出版发行	中国水利水电出版社 （北京市海淀区玉渊潭南路 1 号 D 座　100038） 网址：www.waterpub.com.cn E-mail：sales@waterpub.com.cn 电话：(010) 68367658（营销中心）
经　　售	北京科水图书销售中心（零售） 电话：(010) 88383994、63202643、68545874 全国各地新华书店和相关出版物销售网点
排　　版	中国水利水电出版社微机排版中心
印　　刷	北京中科印刷有限公司
规　　格	184mm×260mm　16 开本　10.75 印张　262 千字
版　　次	2021 年 7 月第 1 版　2021 年 7 月第 1 次印刷
定　　价	**85.00** 元

前　言　QIANYAN

　　党的十八大将生态文明建设列入了国家"五位一体"总体战略布局，把水利放在生态文明建设突出位置。水利部《关于加快推进水生态文明建设工作的意见》（水资源〔2013〕1号）中指出：要加强水利建设中的生态保护，在水利工程前期工作、建设实施、运行调度等各个环节，都要高度重视对生态环境保护，着力维护河湖健康。党的十九大指出，要坚持人与自然和谐共生，树立和践行"绿水青山就是金山银山"的理念，坚持节约资源和保护环境的基本国策，像对待生命一样对待生态环境，统筹山水林田湖草系统治理，实行最严格生态环境保护制度；坚持节约优先、保护优先、自然恢复为主方针，全面推进水生态保护和修复，建设和谐优美水环境，形成节约资源和保护环境的空间格局和生产方式，还河湖以宁静、和谐、美丽。这些要求在水利工程建设中，打破传统思维，贯彻生态理念，创新建设思路，推动绿色发展。

　　党的十九届五中全会开启全面建设社会主义现代化国家的新征程，明确进入新发展阶段，必须贯彻新发展理念，推动高质量发展。水利部提出新阶段水利高质量发展的总体目标是全面提升水安全保障能力，为全面建设社会主义现代化国家提供有力的水安全保障。推动新阶段水利高质量发展的实施路径之一是要推进智慧水利建设，加快构建具有预报、预警、预演、预案功能的智慧水利体系。要把智慧水利建设作为推进水利现代化的着力点和突破口，全方位推进智慧水利建设，大幅提升水利信息化水平，建设全要素动态感知的水利监测体系，实现对各类水利工程、水生态环境等涉水信息动态监测和全面感知。因此，在堤防工程中利用现代信息技术建设智慧堤防，推动堤防管理信息化、智能化是非常必要的。

　　飞来峡水利枢纽是国务院批准的珠江流域防洪规划中确定的北江中下游防洪体系的骨干工程，为大（1）型水利枢纽，社岗堤是飞来峡水利枢纽的重要组成部分。社岗堤除险加固工程的起因是2012年7月社岗堤附近的银英公路扩建钻穿堤防不透水层，发生管涌险情，后经抢险得到暂时缓解，经管理单位组织安全鉴定，广东省水利厅审定其为"三类堤（坝）"，必须进行除险加固。建设单位从加固立项开始，就提出了贯彻生态理念，建设生态智慧堤防的建设思路，实施了"安全可靠、生态优先、系统设计、整体生态、以人为本、文化融合、智能感知、智慧管理"的建设理念和措施。

在工程设计与建设过程中，打破技术方案两因素方案比选的传统方法，率先采用"技术、生态、经济"三因素方案比选设计新方法，选择塑性混凝土防渗墙加固方案；通过试验研究和精心设计新型塑性混凝土配合比，突破"常规混凝土＋膨润土"普通配合比设计，添加聚羧酸高性能减水剂和粉煤灰，有效控制模强比、降低水胶比、增加密实度及和易性，达到保证防渗、节能减排、降低造价、易于施工"四重"目标。塑性混凝土防渗墙施工创新研制了接头新工法，达到了提高效率、保证质量、节约投资的效果。社岗堤建成运行4年来的监测结果显示，堤防渗漏、堤后沼泽化消失，渗透系数提高百倍以上，浸润线平均下降超过2m，防渗效果非常显著。

社岗堤工程建设突出绿色发展、人与自然和谐共生理念，统筹兼顾水生态与水文化。充分利用现场地形地貌，在工程沿线布设了4个生态人文小景；对弃土弃渣做到100％资源化利用；堤防采用功能分区生态设计，将堤防功能分区、生态措施、自然地貌有机结合；用适生灌草营造生态文化岸坡，4种灌草种成"飞来峡欢迎您"；以飞来峡枢纽建设历程写成"飞来峡赋"，与我国古代治水故事、水利书法、水利楹联作品等刻制在石景、长廊和亭子上；用乔、灌、草、藤本植物合理搭配出四季景色，将生态绿化与地形地貌有机衔接，建成功能完备、景观优美、人水和谐的生态堤防，绘就了一幅水生态与水文化交融的美丽画卷。该项目还首次对堤防工程生态效益计算范围、内容进行分析界定，提出多种方法进行定量计算，得出了社岗堤工程生态效益总量。

按照信息化、智能化设计理念，在社岗堤全线布设21个全高清视频监控点和4个工业级无线AP点，实现防洪水位、堤防管理、治安保卫监控三位一体，可远程实时监控水库水位、堤防运行和安保情况。采用高清图像智能识别技术，在视频监视屏上实时监控超预警水位报警画面，并用短信平台功能将报警信息实时发送到管理人员手机上，大幅提升了社岗堤防洪应急指挥能力。

社岗堤工程采用新型太阳能堤防安全监测智能决策系统，使浸润线安全监测数据实时自动采集、自动传输存储、自动分析处理、自动报警，实现了管理可视化、软件自动升级、数据自动输出、报表自动打印，做到绿色监测，智能管理。

2015年，社岗堤工程荣获水利部"全国水利工程建设文明工地"；2018年，塑性混凝土防渗墙接头施工工法被广东省住房和城乡建设厅授予"省级工法"；2019年，工程档案验收被广东省档案局评为优秀等级，工程水土保持与生态绿化设计被中国水土保持学会授予"优秀设计奖"；2020年，工程被评为"广东优质水利工程奖一等奖"。

本书共分8章，第1章为绪论，第2章为生态智慧堤防概念与构想，第3章为生态智慧堤防主要建设内容；第4章为生态堤防建设主要技术，第5章为塑性混凝土防渗墙接头新技术，第6章为智慧堤防建设主要技术，第7章为工程质量检查与效果分析，第8章为生态效益定量分析与计算。全书由钟鸣辉教授级高级工程师统稿。

在本书编著过程中，得到了广东省水利水电科学研究院李红彦高级工程师、广东省水利水电第三工程局黄韬高级工程师等专家的大力支持和帮助，工程质检和运行监测数据分别来自第三方检测单位及管理单位的实测成果，在项目研究过程中还参考和采用了国内外一些专家学者的研究成果，在书后一一列明，在此一并致谢。

作者

2021年1月

目　　录

第1章 绪 论

1.1 生态智慧堤防建设背景

2012 年 11 月，党的十八大胜利召开，将"生态文明建设"列入国家"经济建设、政治建设、文化建设、社会建设、生态文明建设"五位一体总体布局。党的十八届五中全会指出：必须牢固树立"创新、协调、绿色、开放、共享"新发展理念，实施"互联网＋"行动计划，发展物联网技术和应用，发展分享经济，促进互联网和经济社会融合发展。党的十九大报告进一步提出：必须坚持人与自然和谐共生，树立和践行"绿水青山就是金山银山"的理念，坚持节约资源和保护环境的基本国策，像对待生命一样对待生态环境，统筹山水林田湖草系统治理，实行最严格的生态环境保护制度，形成绿色发展方式和生活方式。

党的十九大报告把水利摆在九大基础设施网络建设的第一位，要求在水利工程建设中必须坚持新发展理念，创新水利建设理念，倡导绿色发展。

水是生命之源、生产之要、生态之基，水生态文明是生态文明的重要组成和基础保障。中国特色社会主义进入新时代，在新时代进行水利建设必须全面贯彻"节水优先、空间均衡、系统治理、两手发力"的治水思路和统筹治理水资源、水生态、水环境、水灾害；要加强水利建设中的生态保护，在水利工程前期工作、建设实施、运行调度等各个环节，都要高度重视对生态环境的保护。因此，如何在水利建设过程中坚持新发展理念，如何建设生态水利工程，如何在水利工程建设过程中统筹考虑防洪保安全、优质水资源、健康水生态、宜居水环境、先进水文化，创新建设思维是每一位水利工作者必须认真思考的问题。

水利部在《加快推进新时代水利现代化的指导意见》（水规计〔2018〕39 号）中提出，对新建和已建水利工程，大力推行管养分离，采用现代信息技术，提高智能化、自动化运行水平，推进水利工程管理信息化、现代化。

水利信息化是实现水利现代化的重要手段，是提高防治洪涝干旱灾害、提高水资源管理水平的需要，是践行新时期治水思路的需要；运用现代管理理念、采用先进适用技术，借鉴先进建设经验，全面提升水利管理精准化、高效化、智能化水平，是加快推进水利管理现代化的必由之路；加强大坝安全监测、水情测报、通信预警和远程控制系统建设，提高水利工程管理信息化、自动化水平，是实现智慧水利的有效途径。

把智慧水利建设作为推进水利现代化的着力点和突破口，加快推进智慧水利建设，大幅提升水利信息化水平。建设全要素动态感知的水利监测体系，充分利用物联网、卫星遥感、无人机、视频监控等手段，构建天地一体化水利监测体系，实现对水资源、河湖水域岸线、各类水利工程、水生态环境等涉水信息的动态监测和全面感知。

水利部要求新建水利工程要把智慧水利建设内容纳入设计方案和投资概算，同步实施，同步发挥效益。已建水利工程要加快智慧化升级改造，大幅提升水利智慧化管理和服务水平。

新中国成立以来，党领导全国人民进行了大规模的水利工程建设，投资兴建了大量的水库、堤防、水闸、泵站、供水管网等水利设施，这些水利设施，为我国工农业生产和社会经济的持续稳定发展提供了防洪、灌溉、供水、排涝保障，为保障人民群众生命财产安全作出了重大贡献。在大量水利工程和水利设施中，堤防工程是最常见、最普遍、与人民群众生活联系最密切的水利工程。水利部统计数据显示，截至 2018 年，我国已建成 5 级及以上江河堤防 31.2 万 km，累计达标堤防 21.8 万 km，达标率为 69.9％。其中 1 级、2 级达标堤防长度为 3.4 万 km，达标率为 80.5％。河道堤防保护人口 6.3 亿人，保护耕地 4100 万 hm²。

可见，堤防工程线路长、分布范围广，从偏僻的乡村到繁华的都市，遍布大中小江河流域和海岸，给广大水利管理单位干部职工带来管理上的繁重任务，迫切需要现代化、信息化管理手段以加强堤防建设与管理。堤防工程直接关系老百姓的生活、工作与居住环境，保护城市乡村和重要设施，加强堤防工程的生态建设与保护，是防洪保安全、健康水生态、宜居水环境建设的需要，也是满足人民群众日益增长的对美好生活向往的需要。

2012 年 7 月，广东省飞来峡水利枢纽社岗防护堤工程因附近银英公路扩大工程地质钻探造成社岗堤发生管涌险情，经过及时抢险暂时保证了堤防安全，后来建设单位组织进行安全鉴定并经广东省水利厅核定，社岗堤为"三类（堤）坝"，急需进行除险加固。广东省水利厅和省发展改革委根据飞来峡水利枢纽的防洪任务并结合社岗堤安全鉴定实际情况，同意对社岗堤进行除险加固。

如何对社岗堤进行除险加固，如何在堤防除险加固过程中贯彻新发展理念，创新设计和建设理念就成为项目法人、设计等参建单位考虑的首要问题。根据国家生态文明建设战略布局，国家推行"互相网＋"行动计划的政策导向，水利部推进水生态文明建设和加快推进新时代水利现代化的要求，利用现代信息技术，不断推进水治理体系和治理能力现代化。经过反复思考与研究，决定将生态设计、节能环保、信息化、智能化建设作为社岗堤工程加固建设的方向，并以此开展生态智慧堤防建设技术研究。

1.2　生态智慧堤防建设必要性和意义

在生态文明建设和智慧水利建设的背景下，结合社岗堤工程实际，从 2014 年项目立项建设之初，就酝酿提出了建设生态堤防、智慧堤防的设计与建设理念。开展生态智慧堤防建设技术研究，是水生态文明建设的需要，是全面感知和智慧水利建设的需要，是新时代水利工程迈入信息化、智能化管理的需要。

1.2.1　生态智慧堤防建设必要性

1. 开展生态智慧堤防建设及技术研究，是贯彻落实生态文明建设战略，在水利工程建设领域落实水生态文明建设的需要

习近平总书记指出，生态兴则文明兴，生态衰则文明衰。生态环境是人类生存和发展

的根基，生态环境变化直接影响文明兴衰演替。生态文明建设作为党的十八大确定的"五位一体"总体布局的重要组成部分，党的十八大和十九大将水利放在基础设施网络建设的首位，水利作为生态文明建设的重要基础设施，水利部《关于加快推进水生态文明建设工作的意见》（水资源〔2013〕1号）中明确提出：要把生态文明理念融入水资源开发、利用、治理、配置、节约、保护的各方面和水利规划、建设、管理的各环节，坚持节约优先、保护优先和自然恢复为主的方针；要加强水利建设中的生态保护，在水利工程前期工作、建设实施、运行调度等各个环节，都要高度重视对生态环境的保护，着力维护河湖健康。党的十八届五中全会提出的"创新、协调、绿色、开放、共享"新发展理念，也要求在水利工程建设中，打破传统思维，贯彻生态理念，创新建设思路，推动绿色发展。

堤防的主要功能任务是防洪，必须保证堤防结构安全，以此确保防护区人民生命财产安全。确保堤防工程的安全是首要的，但在安全基础上更要注重贯彻绿色发展的理念，要打破传统的堤防建设只保安全、不重视生态和节能环保的做法；要尽一切努力避免破坏生态，做到一切工程措施的采用均必须注重其生态适应性，确保工程建设既安全又生态，实现安全与生态并重。要实现工程结构安全和生态安全，就要打破水利主要技术措施和建设方案仅仅进行"技术、经济"两因素比选的做法，增加生态方面的比较，按照"技术、生态、经济"三因素比选方法，真正贯彻落实生态优先、绿色发展、以人为本、文化融合的设计与建设思路，从河流整体上、建设总体方案上、具体工程措施上、设备材料采用上等各专业方面落实生态、节能和环保措施，全方位开展生态建设，要结合水土保持、生态绿化和人文建设，把堤防真正建设成以人为本、安全可靠、绿色生态、文化先进、人水和谐的安全长廊。

2. 开展生态智慧堤防建设及相关技术研究，是保证防护区内人民群众生命财产安全，满足人民群众日益增长的对美好生活的向往

我国960多万km²的土地上，气象万千、河流纵横，堤防分布范围广、数量多，各级堤防捍卫着我国城镇、乡村、农田、学校、医院、工矿企业、交通运输线和其他重要设施，对保护人民群众生命财产安全、捍卫经济社会持续稳定发展和人民安居乐业具有重要作用，特别是靠近城市和镇区的堤防更是重要，与人民群众生产生活更加密切相关，与人居环境和美好生活息息相关。建成安全生态的绿色堤防，对于贯彻党的十八大提出的生态文明建设总体战略，促进水生态文明建设、树立和践行"绿水青山就是金山银山"的理念，满足人民群众对美好生活的向往，具有非常重要的现实意义。

根据水利部、国家统计局于2013年发布的《第一次全国水利普查公报》数据，我国现有堤防总长度为413679km，5级及以上堤防长度为275495km，3级以上堤防长度为70694km，其中已建成堤防长度为267532km，在建堤防长度为7963km，见表1-1。

表1-1　　　　　　　　2013年全国不同级别堤防长度汇总表

堤防级别	1级	2级	3级	4级	5级	5级以下	合计
长度/km	10739	27286	32669	95523	109278	13184	413679
比例/%	2.6	6.6	7.9	23.1	26.4	33.4	100

根据2013年广东省水利厅和广东省统计局发布的《广东省第一次水利普查公报》数据，广东省现有堤防总长度为28900km，5级及以上堤防长度为22131km，3级以上

堤防长度为 7678km，其中已建成堤防长度为 20916km，在建堤防长度为 1215km，见表 1-2。

表 1-2　　　　　　　　　　2013 年广东省不同级别堤防长度汇总表

堤防级别	1 级	2 级	3 级	4 级	5 级	5 级以下	合计
长度/km	563	2110	5005	8054	6399	6769	28900
比例/%	1.9	7.3	17.3	27.9	27.2	23.4	100

从表 1-1、表 1-2 可以看出，我国江海堤防数量多，5 级及以上堤防达 275495km，并且大多堤防靠近城市、乡村，捍卫人口多、设施重要，如我国经济最发达的珠江三角洲城市群、长江三角洲城市群，均依江沿河而建，城市安全依靠堤防等防洪设施的保护，城市风景也因河而更美，因堤而更有风采。可见，在堤防建设中打破旧的传统模式，创新建设理念，研究建设生态智慧堤防，结合实际开展水生态与水文化融合建设，打造安全与生态并重、生态与文化结合、特色与智慧并行的人文堤防，不但能保护人民群众生命财产安全，而且还会更好地满足人民群众日益增长的对良好生态环境的需求，不断提高人民群众生活质量，提升人民群众的获得感和幸福感。

3. 开展生态智慧堤防建设及技术研究，是贯彻国家"互联网＋"行动计划，推进智慧水利建设，提高堤防管理精准化、智能化的需要

我国现有 413679km 长的堤防，且每一条堤防几乎均沿江河湖海而建，担负着防洪（潮）安全，保障人民群众生命财产安全的重要使命，水利管理单位对于堤防的管理维护，范围大、任务重。水利部提出新时代水利现代化的重要举措之一是运用现代管理理念和技术，借鉴先进经验，全面提升水利管理精准化、高效化、智能化水平，把智慧水利建设作为推进水利现代化的着力点和突破口，加快推进水利管理现代化。因此，研究如何提高水利管理单位的堤防管理现代化水平，减轻堤防管理人员巡查管理的工作强度，及时发现堤防运行管理过程中存在的问题，提高防洪抢险应急反应能力，是摆在水管单位和水利工作者面前的重要任务。今后一段时期，特别是国家"十四五""十五五"时期，是水利现代化建设的关键时期，强化水安全保障，完善水利基础设施网络，加强水生态文明建设，迫切需要通过充分运用现代信息技术，深入开发和广泛利用水利信息资源，实现水利信息采集、传输、存储、管理和服务的数字化、网络化与智能化，全面提升水利工作的效率和效能。

因此，开展生态智慧堤防建设技术研究，利用大数据、云计算、物联网、移动互联、红外 IP 数字监控、遥感传感、自动监测、智能监控等现代信息技术，实现堤防工程防洪管理自动化、安全监测智能化、堤防巡查和治安管理可视化，是适应国家"互联网＋"行动计划战略的需要，是建设智慧水利的需要，也是提升堤防管理信息化、智能化水平，提高堤防安全管理和防洪管理水平的必然要求。

1.2.2　生态智慧堤防建设意义

1. 开展生态智慧堤防建设与研究，对于堤防工程建设领域实施生态文明战略，提升堤防现代化管理水平，具有重要的生态与安全意义

我国现有堤防总长度为 413679km，5 级及以上堤防长度为 275495km，数量巨大的堤

防工程，带来了日常巡查、维护管理的繁重任务，特别是汛期到来时，防洪保安全的责任，必须时刻掌握堤防工程所在河流的水雨情和堤防工情，给广大基层水利干部职工以极大的管理压力。江河堤防工程，又是城市乡村人民生活环境的重要组成，生态优美、安全可靠的堤防工程，不但可以提升城市的营商环境，也是城市软实力的体现，还是广大人民群众宜居的生活环境。因此，开展生态智慧堤防建设研究，建设生态堤防、智慧堤防，提升堤防管理的信息化智能化水平，不仅是随时掌握堤防状况，确保防洪安全的需要；而且可以极大地减轻基层水利管理人员的劳动强度，是适应现代化管理的需要；还是实现健康水生态、宜居水环境的需要，具有非常重要的现实意义。

2. 建设生态智慧堤防，对于树立和践行"绿水青山就是金山银山"的理念，满足人民群众对美好生活的向往，具有重要的经济与社会意义

生态智慧堤防是一种具有智能感知、智慧监控的生态堤防，是生态堤防与智慧堤防的统一体。建设生态智慧堤防，就是要结合河流生态、堤防绿化、景观生态与休闲设施建设；就是要将水利历史、治水故事、水利通识、防洪知识、水资源知识、人文历史等水文化与水生态、水环境整治融合建设，把堤防工程建设成堤固、河畅、岸绿、水清、景美的水利风景线。通过生态智慧堤防建设，实现水生态与水安全并重、水生态与水文化融合、水景观与水环境同步，必定会进一步提升江河堤防的安全性与智能性，有效提升堤防人民群众的生活环境和城市品位，显著提高水利堤防工程的休闲旅游价值，把堤防建设成为所在城市和乡村的一道亮丽的自然风景名片，找到了生态环境与经济协同共生新路径，实现了"绿水青山就是金山银山"的理念，对更好地满足人民群众不断增长的对美好生活的向往，具有非常重要的经济与社会意义。

3. 结合堤防工程建设实际，开展生态智慧堤防研究与实践，对于广东省乃至全国堤防工程建设，具有很强的针对性和重要的示范意义

根据我国和广东省第一次水利普查公报，广东省堤防总长 28900km，占全国堤防总长的 7％，3 级以上堤防占全国堤防长度的 10.9％，在建堤防占全国堤防长度的 15.3％。广东省的堤防长度，特别是 3 级以上堤防，无论是已建堤防还是在建堤防在全国都占有相当的比重，在广东省开展生态智慧堤防建设技术研究，不但对广东而且对全国均有很强的示范作用。

飞来峡水利枢纽是广东省兴建的最大的综合性水利枢纽，是国务院批准的《珠江流域防洪规划》确定的重要水库，总库容 19.04 亿 m³，其中防洪库容 13.36 亿 m³，飞来峡水利枢纽与北江大堤、芦苞水闸、西南水闸和潖江蓄滞区联合运用，共同构成北江流域中下游防洪体系的重要组成部分，捍卫着广州、佛山等珠三角地区和清远市的防洪安全，可将广州市防洪标准由 100 年一遇提高为 300 年一遇，保护人口 2000 多万人、耕地 100 多万亩，国内生产总值（2016 年）31713 万亿元，占广东全省 GDP 的 40％，占全国 GDP 的 4.3％；捍卫财政收入 3213 亿元，占广东全省的 31％，占全国的 3.7％。社岗防护堤是飞来峡水利枢纽工程的重要组成部分，是重要防洪建筑物，结合社岗防护堤除险加固工程建设实际，寻找堤防工程建设中贯彻生态智慧理念的具体做法，建设生态智慧堤防，对于进一步加强飞来峡水利枢纽堤防管理与防洪管理信息化、智能化；实现水生态、水文化、水经济、水环境、水景观的和谐统一，提升飞来峡水利枢纽管理现代化水平，具有很强的针

对性和示范性。

结合堤防建设实际，开展生态智慧堤防建设技术研究，可以为广东乃至全国大量的堤防建设与除险加固提供可借鉴的建设思路、建设原则、建设路径、建设方法和建设技术与措施，为实现堤防建设的生态和谐、堤防管理的智能智慧，提供重要的应用实例和具体的推广应用平台。

1.3　生态智慧堤防建设研究进展

2003 年，中国水利水电科学研究院董哲仁教授首先提出了"生态水工学"的理论框架，倡导生态水工学的科学研究与工程实践。他提出水利工程学要吸收生态学的原理和方法，完善水利工程的规划设计理论，以实现人与自然和谐的目标。生态水利工程学（Eco - Hydraulic Engineering）简称生态水工学，是在生态保护的大背景下产生和发展起来的新兴交叉学科，是研究水利工程在满足人类社会需求的同时，兼顾水域生态系统健康与可持续性需求的原理及技术方法的工程学。生态水工学是对传统水利工程学的补充和完善，是作为水利工程学的一个新的分支。董哲仁于 2004 年提出了生态水利工程规划设计基本原则的五项内容：工程安全性与经济性原则，提高河流形态的空间异质性原则，生态系统自设计与自我恢复原则，景观尺度与整体修复原则，反馈和调整设计原则。

朱三华、黎开志等（2004）从城市规划建设的角度，指出堤防工程是城市建设的重要组成部分，其不仅具有防洪度汛功能，而且还有调节生态平衡、提高环境质量、提供相应的休闲娱乐等功能，所以堤防工程是一项具有综合功能性的基础设施；说明了生态堤防设计的必要性，进而提出了安全性原则、整体性原则、自然景观优先原则、生态环保原则、多样性异质性原则、亲水性原则等生态堤防设计的基本原则。范平（2012）认为，城市堤防设计除了本身所具有的防洪度汛、保障航道运输作用外，还应当具有生态、环保、休闲娱乐、景观美化等重要功能。

詹拯怡（2015）从保持沿河自然景观和生态系统的角度，提出生态堤防是指在沿河护岸的堤防设计和建设过程中，以自然景观和生态系统为指导，在遵循自然规律的基础上，以保持沿河边缘的生态系统平衡和人们居住安全为目的，设计和建设以树木植被为护岸的人工堤防。刘春丽、刘信勇（2016）从现状堤防存在的问题入手，提出生态防洪堤建设重点是堤顶道路、生态护坡、险工段防洪堤实施方案及岸上景观布置设计 4 个方面，探讨了建设生态防洪堤的重要意义和关键技术问题，以期望能找到既利于维持生态平衡，又发挥了堤防的经济效益和环境效益的措施。王震宇（2018）认为，生态堤防设计是水资源工程建设中非常重要的建设项目，不仅对维护河流水域的生态系统平衡和稳定有着重要意义和影响，同时还对城市的社会经济发展提供强有力的生态基础。他提出生态堤防设计主要是指在堤防项目的施工设计时，合理地融入水利工程、生物学科、环境学科、生态学科、美学等多方面的知识原理，在保证生态堤防设计所建设区域的河流处于平衡状态时，设计人员秉承"因地制宜"的科学理念，建设符合河流岸堤生态平衡的堤防工程。

王忠静、王光谦等（2012）针对水资源系统"动态性、关联性、预期性、不确定性"，以信息技术最新发展和最具应用前景的物联网为基础，提出了水联网及智慧水利概念。左其亭（2015）在科学分析和认识我国水利发展阶段，深入分析新中国成立以来水利发展的基础上，阐述水利发展存在3个阶段，即"工程水利""资源水利""生态水利"阶段，分别称之为"水利1.0""水利2.0""水利3.0"。在此基础上，从水利发展趋势的预测出发，提出"水利4.0"的战略构想，认为下一个水利发展阶段为"智慧水利"阶段，并简要介绍了该阶段的轮廓框架和重点研究方向。

肖晓春、梁犁丽等（2018）认为，智慧水利建设需在顶层设计指导下，分阶段、分目标、分层次循序推进；按照普适性、先进性和兼容性原则建立智慧水利的概念模型和技术参考模型，重点把握感知、网络通信和数据中心三方面的关键技术需求。赵永、金立甫等（2018）从江苏淮河市推进水利信息化的实践，提出智慧水利建设构想与思路就是充分应用云计算、物联网、大数据、互联网等新兴技术，构建"天空地网"一体化、全天时、多功能的感知体系，融合水利专网、政务外网、互联网形成全覆盖的信息通信网络，建立多源、多维的云服务中心，开发设计防汛抗旱、河长制管理、水资源管理等全方位业务应用系统。通过智能感知体系、云服务中心、业务应用系统、智慧水利保障体系的建设，构建完整的水利信息化综合体系。

水利部于2018年印发的《加快推进新时代水利现代化的指导意见》（水规计〔2018〕39号）中指出，要全方位推进智慧水利建设，把智慧水利建设作为推进水利现代化的着力点和突破口，加快推进智慧水利建设，大幅提升水利信息化水平；要加快推进智慧水利实施，在重点领域、流域和区域率先突破，辐射带动智慧水利全面发展；已建水利工程要加快智慧化升级改造，大幅提升水利智慧化管理和服务水平。

从上述研究与各种观点可以看出，国内对生态水利、生态堤防的研究，侧重点是河流形态、水利工程生态设计原则、自然景观、沿河护岸、亲水性和树木植被等方面的规划设计上；对智慧水利的研究也侧重在水利发展阶段概念性、水资源效能利用，以及智慧水利的建设构想和推进思路等方面，没有专门具体的智慧堤防建设技术研究，也没有查询到将生态水利与智慧水利相结合进行生态智慧堤防建设的技术研究与实践。专门针对生态智慧堤防的研究与实践仍处于起步阶段，因此本书结合具体的堤防建设实践，研究生态智慧堤防建设主要关键技术，不但要提出生态智慧堤防的概念、思路、内涵、设计原则、方法，更重要的是要提出系统的生态智慧堤防建设主要技术内容。

1.4 生态智慧堤防建设技术展望

生态智慧堤防建设关键的整套技术与实践处于研究和起步阶段，还有待展开系统、全面、深入的研究，还有待形成规划、设计、施工、建设、管理一整套全面技术体系。据查询和了解，现阶段对生态堤防工程的建设主要还是停留在生态堤防规划设计方面，还没有人提出对堤防建设如何贯彻生态设计理念、如何对生态堤防整体建设进行系统性研究；对堤防建设整体性生态、主要技术方案生态定量比选、水生态与水文化融合、资源综合利用、生态与节能产品应用等，也尚未有全面综合的研究与应用；对智慧堤防的研究和实施也大多局限于堤防监测方面，没有综合考虑堤防的防洪预警、安全监测、日常巡查管理多方相结合的智能感知和智能监控。如何从生态堤防与智慧堤防相结合的角度进行全面系统研究是目前需要解决的关键问题。在国内尚未见到专门提出生态智慧堤防一体化综合概念、内涵、设计、建设内容、建设方案和关键技术的系统研究与实践。

中国特色社会主义进入新时代，水利改革发展也进入了新时代。水利部党组指出：新时代水利现代化建设指导思想是全面贯彻落实党的十九大精神，以习近平新时代中国特色社会主义思想为指导，紧紧围绕统筹推进"五位一体"总体布局和协调推进"四个全面"战略布局，贯彻新发展理念，深入落实"节水优先、空间均衡、系统治理、两手发力"的治水思路和统筹治理水资源、水生态、水环境、水灾害，以着力解决水利改革发展不平衡不充分问题为导向，以全面提升水安全保障能力为目标，以加快完善水利基础设施网络为重点，以大力推进水生态文明建设为着力点，以全面深化改革和推动科技进步为动力，加快构建与社会主义现代化进程相适应的水安全保障体系，不断推进水治理体系和治理能力现代化，为全面建成社会主义现代化强国提供强有力的水利支撑和水安全保障。

加快推进新时代水利现代化，必须加快推进水利基础设施现代化，提高智能化、自动化运行水平，建设全要素动态感知的水利监测体系；要运用现代管理理念和技术，借鉴先进经验，全面提升水利管理精准化、高效化、智能化水平，加快推进水利管理现代化；要把智慧水利建设作为推进水利现代化的着力点和突破口，大幅提升水利信息化水平。

习近平总书记指出，未来30年是开启全面建设社会主义现代化的新发展阶段，必须贯彻新发展理念、构建新发展格局，推进高质量发展。水利部提出新阶段水利高质量发展的总体目标是全面提升国家水安全保障能力，为全面建设社会主义现代化国家提供有力的水安全保障。推动新阶段水利高质量发展的实施路径主要有完善流域防洪工程体系、复苏河湖生态环境、推进智慧水利建设等6条，确保实现水安全保障，需做到防洪安全、系统完备、绿色智能、生态优良、人水和谐、智慧水利，法治管理，实现防洪保安全、优质水资源、健康水生态、宜居水环境、先进水文化相结合。建设生态智慧堤防，可为河道防洪安全、健康生态、宜居环境提供可靠的基础条件和坚实的物质保障。生态智慧堤防是提高堤防防洪保障能力，实现更大的生态效益，提升堤防管理信息化、智能化水平的必然要求，也是保障防洪安全、河湖生态，实现智慧水利的必然选择。

未来生态智慧堤防研究与建设，将以全面提升水安全保障能力为目标，以实现堤防安全、整体生态、人文融合，环境优美、全面感知、智能监控为建设方向，从维护河流自然生态性，从堤防规划、勘察设计、建设实施到运行管理全过程研究完善生态智慧堤防建设关键技术和实施方案。

可以预见，随着国家"经济建设、政治建设、文化建设、社会建设和生态文明建设"五位一体总体布局的全面实施，随着国家"互联网＋"行动计划的深入推进，随着生态文明建设和新时代水利现代化、信息化、智能化的加快推进，今后的生态智慧堤防建设技术将越来越完善。

第 2 章　生态智慧堤防概念与构想

2.1　生态文明提出与发展

2.1.1　生态文明的提出

1866 年，德国科学家海克尔在《生物体普通形态学》中首次提出"生态"的概念。他认为，作为一个生物学名词，生态指的是生物群落的生存状态，包括一个生物群落与其他生物群落的关系，以及与生态环境的关系。20 世纪 20 年代出现了"人类生态学"的概念。1935 年，英国学者坦斯勒进而提出"生态系统"的概念，开始从更宏观的角度认识自然生态环境。1972 年，美国麻省理工学院丹尼斯·米都斯教授等撰写《增长的极限》，第一次向人们展示了在一个有限的星球上无止境地追求增长所带来的后果，引发了增长的极限大讨论。1972 年 6 月，联合国在瑞典斯德哥尔摩召开有史以来第一次"人类与环境会议"，通过了《人类环境宣言》，从而揭开了人类共同保护环境的序幕。1983 年，联合国成立了世界环境与发展委员会。1987 年，该委员会在题为《我们共同的未来》的报告中正式提出了可持续发展的模式。

1987 年，我国生态学家叶谦吉首次使用"生态文明"一词，他从生态学和生态哲学的角度阐述生态文明。他认为，生态文明是既获利于自然又还利于自然，既改造自然又保护自然，人与自然之间保持着和谐统一的关系。1992 年，联合国环境与发展大会通过的《21 世纪议程》更是高度地凝聚了当代人对可持续发展理论的认识。1995 年，美国著名作家、评论家罗伊·莫里森在其出版的《生态民主》一书中，提出了现代意义上的生态文明的概念，真正把生态文明看作工业文明之后的文明形式。2007 年 5 月，我国人类学家张荣寰在《中国复兴的前提是什么》一文中首次将生态文明定性为世界伦理社会化的文明形态，提出中国需要"生态文明发展模式"，世界需要"生态文明进程"，理论模式为"全生态世界观"作为全逻辑的参照系，将人定位在全生态世界中最高全息的物种，提出世界伦理社会化的文明形态的生态文明概念和生态文明发展模式、文明环流体系作为人来到世界上就是为了人格、生态、产业的不断上升，以实现文明及其幸福的目的；中华民族的复兴必将启动中华民族生态文明发展模式，主要走人权生活化、新型城镇化、产业自优化的发展道路。

2.1.2　生态文明的发展

2007 年 10 月，在党的十七大上，作为全面建设小康社会奋斗目标的新要求，生态文明被列入中国共产党的正式文献，这是我们党科学发展、和谐发展理念的一次升华。

2012 年 11 月，在党的十八大上，把生态文明建设放在突出地位，号召全党、全国人民一定要更加自觉地珍爱自然，更加积极地保护生态，努力走向社会主义生态文明新时代。把生态文明建设放在突出地位，融入经济建设、政治建设、文化建设、社会建设各方面和全过程，努力建设美丽中国，实现中华民族永续发展。首次把"美丽中国"作为未来生态文明建设的宏伟目标，把生态文明建设纳入"经济建设、政治建设、文化建设、社会建设、生态文明建设"五位一体的总体布局，表明我们党对中国特色社会主义总体布局认识的进一步深化；把生态文明建设摆在"五位一体"的高度来论述，也彰显出中华民族对子孙后代、对世界负责的精神。

2015 年 10 月，党的十八届五中全会上提出了全面建成小康社会新的目标要求：经济保持中高速增长，在提高发展平衡性、包容性、可持续性的基础上，到 2020 年国内生产总值和城乡居民人均收入比 2010 年翻一番。生态环境质量总体改善。实现"十三五"时期发展目标，破解发展难题，厚植发展优势，必须牢固树立并切实贯彻"创新、协调、绿色、开放、共享"的发展理念，将"绿色发展"作为新发展理念，作为指导我国经济社会协调发展的重要内容和组成部分，这是关系我国发展全局的一场深刻变革。

党的十八大以来，党中央、国务院相继出台《关于加快推进生态文明建设的意见》（中发〔2015〕12 号）、《生态文明体制改革总体方案》，习近平总书记对生态文明建设和生态环境保护作出一系列重要讲话、重要论述和批示指示，提出一系列新理念新思想新战略，深刻回答了为什么建设生态文明，建设什么样的生态文明，怎样建设生态文明等重大问题，形成了科学系统的习近平生态文明建设重要战略思想，集中体现了社会主义生态文明观，成为习近平新时代中国特色社会主义思想不可分割的有机组成部分。

2017 年 10 月，党的十九大报告提出了习近平新时代中国特色社会主义思想和基本方略，强调坚持人与自然和谐共生，指出建设生态文明是中华民族永续发展的千年大计。必须树立和践行"绿水青山就是金山银山"的理念，坚持节约资源和保护环境的基本国策，像对待生命一样对待生态环境，统筹山水林田湖草系统治理，实行最严格的生态环境保护制度，形成绿色发展方式和生活方式，坚定走生产发展、生活富裕、生态良好的文明发展道路，建设美丽中国，为人民创造良好生产生活环境，为全球生态安全作出贡献。

2019 年 3 月，《求是》杂志正式发表了习近平总书记 2018 年 5 月 18 日在全国生态环境保护大会上的讲话，对习近平生态文明思想进行了系统论述，提出我国新时代生态文明建设必须坚持的六大基本原则：一是坚持人与自然和谐共生；二是绿水青山就是金山银山；三是良好生态环境是最普惠的民生福祉；四是山水林田湖草是生命共同体；五是用最严格制度最严密法治保护生态环境；六是共谋全球生态文明建设。

2.2 水生态文明与生态堤防

2.2.1 水生态文明要求

党的十八大和十八届三中全会把水利放在生态文明建设的突出位置，作出一系列重要部署。党的十八届四中全会特别强调，要制定完善生态补偿和土壤、水、大气污染防治及海洋生态环境保护等法律法规，促进生态文明建设。2014 年 3 月，习近平总书记在中央财经领导小组第五次会议上提出新时期治水思路，明确指出了"节水优先、空间均衡、系统治理、两手发力"的新时代治水工作思路，为加快水利改革发展指明了方向。

纵观古今中外，生态兴则文明兴，生态衰则文明衰。为贯彻落实党的十八大关于加强生态文明建设的重要精神，必须加快推进水生态文明建设，促进经济社会发展与水资源水环境承载能力相协调，不断提升我国生态文明水平，努力建设美丽中国。

2013 年，水利部发布了《关于加快推进水生态文明建设工作的意见》（水资源〔2013〕1 号），拉开了全国范围水生态文明建设的序幕。"意见"提出水生态文明建设的指导思想是：以科学发展观为指导，全面贯彻党的十八大关于生态文明建设战略部署，把生态文明理念融入水资源开发、利用、治理、配置、节约、保护的各方面和水利规划、建设、管理的各环节，坚持节约优先、保护优先和自然恢复为主的方针，以落实最严格水资源管理制度为核心，通过优化水资源配置，加强水资源节约保护，实施水生态综合治理，加强制度建设等措施，大力推进水生态文明建设，完善水生态保护格局，实现水资源可持续利用，提高生态文明水平。

水生态文明建设的主要工作之一，就是要切实加强水利建设中的生态保护，要求在水利工程前期工作、建设实施、运行调度等各个环节，都要高度重视对生态环境的保护，着力维护河湖健康；要求全国开展水生态文明建设试点和创建活动，随后全国各地专家学者和各地水利工作者开展了水生态文明和生态水利的研究，同时地方政府也加大水利投入，并在不同水利项目中开展了生态水利工程建设。

唐克旺（2013）提出，水生态文明是生态文明概念的延伸，水生态文明是指人类在保护水生态系统、实现人水和谐发展方面创造的物质和精神财富的总和。水生态文明指的是人类的行为，而不是仅考虑水生态系统的健康状况。随着人类社会的发展，人向自然界的索取越来越多，不断影响和改变自然，而大自然的退化又对人类生存和发展形成制约甚至惩罚。因此，水生态文明建设比水生态系统保护与修复具有更高的层次、更广阔的视角、更丰富的内容。水是各类生态系统（以生物为核心，生物都需要水）最重要的控制因子，人类不合理的用水、耗水、排水以及河湖占用引发了生态系统尤其是水生态系统的退化，并危及社会的长远发展。因此，水生态文明是生态文明的最重要组成部分，是生态文明建设的核心和灵魂。

唐克旺认为，水生态文明既然是人类在保护水生态系统、实现人水和谐方面的各种物质与精神财富的总和，与此无关的不应该归为水生态文明范畴。例如，防洪安全是保护人类社会安全的重要工作，但其本身可能存在对自然水生态系统产生负面影响。水库与水电站建设同样属于为经济社会发展服务的，其对水生态健康也可能存在不利影响。供水、防洪、航运、水力发电等都不能算水生态文明建设，但在这些工程的建设及管理中，兼顾水生态系统保护的工程设计、施工、管理等方面内容却属于水生态文明建设范畴。例如，大坝的鱼道设计、生态堤防、滞洪区的生态管理模式、水库的生态调度。实施最严格水资源管理制度、建设节水型社会、推广节水技术和设备、加大水污染防治力度、改善水环境治理、实行清洁生产、发展绿色产业、开展水土保持以及水教育等，都属于促进人水和谐的重要工作，是水生态文明的具体实践。总之，水生态文明是人类为了保护水生态系统所做的各种努力及其成果，是对传统的侧重强调社会经济服务的纠偏，是水利内涵的丰富和发展，不可将与水相关的各项工作均列入水生态文明的建设。水生态文明建设是传统水利工作内涵的升级，是落实新时期民生水利、生态水利建设的重要方向。

陈雷（2014）在中国生态文明论坛成都年会上指出，生态文明是人类社会进步的重大成果。水是生命之源、生存之本，水资源是生态系统的控制要素，水利是生态文明建设的核心内容。从建设美丽中国看，水生态文明建设是基础性的重要支撑，必须努力从源头上治理水生态环境恶化问题，推动全社会走上生产发展、生活富裕、生态良好的文明发展道路。从人民群众需求看，水生态文明建设是普惠性的民生福祉，必须解决好与人民群众的生命健康、生活质量、生产发展息息相关的水资源、水环境、水生态问题，促进生产空间集约高效、生活空间宜居适度、生态空间山清水秀。从经济转型升级看，水生态文明建设是先导性的战略举措，必须充分发挥水资源在转变经济发展方式中的重要作用，促进经济社会发展与水资源、水环境承载能力相协调、相适应。从水利改革发展看，水生态文明建设是全局性的重大任务，必须加快实现从供水管理向需水管理转变，从粗放用水方式向集约用水方式转变，从过度开发水资源向主动保护水资源转变，推动水利走上科学发展道路。

陈雷提出，水生态文明建设要以习近平总书记重要治水思想为指导，自觉将生态文明理念融入水资源开发、利用、治理、配置、节约、保护各个领域，努力走出一条中国特色水生态文明之路。建设水生态文明要坚持以下原则：一是坚持人水和谐、尊重自然。牢固树立人与自然和谐相处理念，以水定需、量水而行、因水制宜。二是坚持保护为主、防治结合。规范各类涉水生产建设活动，充分发挥大自然自我修复能力，着力实现从事后治理向事前保护转变。三是坚持统筹兼顾、综合治理。立足山水林田湖草是一个生命共同体，统筹好水的资源功能、环境功能、生态功能，兼顾好生活、生产和生态用水。四是坚持因地制宜、以点带面。根据各地水资源条件和经济社会发展状况开展试点和创建工作，探索各具特色的水生态文明建设模式，辐射带动流域、区域水生态的改善和提升。五是坚持深化改革、完善制度。把改革创新作为推进水生态文明建设的基本动力，建立健全科学合理的水生态文明评价指标，构建一整套行之有效的水生态文明制度体系。六是坚持政府主导、全民行动。充分发挥政府的引导、支持和监督作用，积极运用市场机制，推动形成部门协同、社会参与的强大合力。

2.2.2　生态堤防的提出

董哲仁于2003年首先提出了生态水工学的理论框架，认为水利工程学要吸收生态学的原理和方法，并提出了生态水利工程规划设计应该遵循"安全性与经济性原则、河流形态的空间异质性原则、生态系统自设计与自我恢复原则、景观尺度与整体修复原则、反馈和调整设计原则"，以实现人与自然和谐的目标。但其并没有专门提出生态堤防的概念。

朱三华等（2004）在城市堤防工程设计中，提出了堤防建设需要满足安全性、生态性、自然性、景观性、亲水性等；堤防应满足城市防洪要求，尽量减少对天然环境的破坏，河流景观应满足生物生存需要；堤防应考虑其视觉景观上的审美要求，提供更多位置能直接欣赏水景、接近水面，堤防与周围的环境亮度相差不应很大，要使堤防与自然有机融合，要注意堤防周边大环境的维护和改善。其仅仅从城市堤防建设角度来论述堤防生态性等内容。

钟鸣辉、范穗兴等（2014）在飞来峡水利枢纽社岗堤工程建设开始之时，根据国家生态文明建设总体要求和水利部水生态文明建设要求，结合工程实际，提出了建设生态堤防的构想，认为堤防工程应该贯彻生态设计理念，生态堤防建设必须遵循四大原则，即建设生态堤防应该遵循"安全可靠、生态优先，系统设计、整体生态，因地制宜、尊重自然，统筹兼顾、文化融合"的原则。

詹拯怡（2015）认为生态堤防是以保持沿河边缘的生态系统平衡和人们居住安全为目的，设计和建设以树木植被为护岸的人工堤防。刘春丽等（2016）认为生态防洪堤建设重点应从堤顶道路、生态护坡、险工段防洪堤实施方案及岸上景观布置设计 4 个方面进行。

可见，生态堤防的概念是基于对水利工程学与生态学原理的不断认识、吸收各自特点，结合堤防建设实际和人民对优美生态环境要求而提出的，是一个基于对堤防建设实践—认识—实践，不断总结提炼的过程。

2.3　智慧水利提出与研究进展

2.3.1　智慧地球与智慧城市

2008 年 11 月，美国 IBM 公司将业务重点由硬件转向软件和咨询服务，提出了"智慧地球"的理念，引起了美国和全球的关注。"智慧城市"是"智慧地球"从理念到实际、落地中国的举措。智慧城市旨在通过"物联网""云计算""网格化"等信息与通信技术手段来研究、规划、感知城市内部各项重点运行指标，对城市资源进行最优分配，以解决由于城市发展、人口激增引发的人口管理、交通拥堵、环境保护、社会安全等日益严峻的"城市病"问题，实现城市管理手段的现代化、信息化与智慧化，从而保持和实现城市的可持续发展（黄煜，2016）。

2009 年，正当中国提出 4 万亿投资应对金融危机时，智慧城市这个议题引起了国内社会各界的极大兴趣。IBM 公司抓住机遇，趁热打铁，在中国连续召开了 22 场智慧城市的讨论会，与超过 200 名市长以及近 2000 名城市政府官员交流。智慧城市的理念得到了广泛的认同，南京、沈阳、成都、昆山等国内许多城市已经与 IBM 进行了战略合作。为支持上海市政府举办世博会，IBM 早于 2008 年 9 月就与上海世博局签署协议，成为中国 2010 年上海世博会计算机系统与集成咨询服务高级赞助商。在随后近两年的时间里，IBM 整合全球资源，以"智慧城市"为核心理念，与上海世博局及相关客户和合作伙伴一起共同努力，积极支持，配合了世博会的建设工作。借助这一世界盛会，IBM 也向各国推销了其软硬件技术和咨询服务业务，取得了可观的经济效益和社会效益。

德国政府在《高技术战略 2020》中确定"工业 4.0"（Industry 4.0）为未来十大项目之一，旨在支持工业领域新一代革命性技术的研发与创新，并上升为德国国家战略。"工业 4.0"的主要特点是充分利用信息通信技术和网络空间虚拟技术，使传统的制造业向智能化转型。目前的高新技术为"工业 4.0"奠定了基础，未来的工业将逐步向这一阶段迈进。

在日本，日立公司开发了"智能水系统"作为其"智能城市"领域的一部分，该系统在常规的水处理和管理技术之上，借助日立的"信息、控制融合系统"，对自来水、污水、中水等各种水处理设施的运行数据进行一元化管理，从而改进城市整体的水循环经营效率。通过日立提供的监测终端和监控系统，水资源管理部门可以对供水厂、污水处理厂、工厂、水路管网等进行水量水质的实时最优调控，使得不同地点、不同时段和不同需求都成为供水量变化的因素。该系统不仅随时反馈用水信息，更能预测用水趋势，设计不同的用水方案，有效提高区域供水效率（田雨、蒋云钟等，2015）。

韩国 KICT 专家也正在致力于推进区域化的智能水网建设，他们认为智能水网是面向未来的水资源管理技术，通过最新信息技术和通信技术与现有水资源管理进行融合能够提高水资源生产、供给和管理效率，从而解决水资源区域不平衡的问题。其研究内容主要包括以下 4 点：①通过建立先进的水资源管理信息平台系统和水资源管理设施的传感器网络来收集管理信息，推动水资源信息管理发展；②建立可替代性的水资源利用和交易系统，促进水资源高效生产和配置；③将电网和智能水网连接起来，节约水资源生产过程中的能量消耗，提高水资源管理系统的效率；④利用先进测量基础设施搭建智能水账单系统，防止水渗漏（田雨、蒋云钟等，2015）。

2.3.2 智慧水利提出与发展

2010 年年初，江苏省借力物联网技术，通过"感知太湖、智慧水利"项目建设了"蓝藻湖泛智能监测及打捞车船实时调度物联网系统"，结合物联网技术应用，对太湖水环境治理、蓝藻湖泛、蓝藻打捞处置进行智能感知、调度和管理，建设了一体化的智慧水利物联网综合管理和服务平台。

上海"智慧水网"发展以及水务信息化建设围绕上海"四个中心"建设和"安全、资源、环境"三位一体治水思路，以需求为导向、应用为核心，创新突破，标准先行，充分发挥体制改革优势，依托智慧城市网络基础，推进跨行业集约整合、市区协同联动、业务网上流转，服务于行政执法规范化、行业监管精细化、评价决策智能化、应用服务便利化，支撑政府职能转变、行业基础管理和社会公共服务（田雨、蒋云钟等，2015）。

王忠静、王光谦等（2012）针对水资源系统"动态性、关联性、预期性、不确定性"，以信息技术最新发展和最具应用前景的物联网为基础，提出了水联网及智慧水利概念。

左其亭（2015）在深入分析新中国成立以来水利发展的基础上，阐述水利发展存在3 个阶段，即"工程水利""资源水利""生态水利"阶段，分别称之为"水利 1.0""水利2.0""水利 3.0"。左其亭指出：从 2013 年水利部提出《关于加快推进水生态文明建设工作的意见》作为标志性事件开始，步入以"生态文明建设"为目标的水利新时代，强调以建设水生态文明为目标的水利建设。因此，这一时期可以用"生态水利"来表征，称为"生态水利"阶段，该阶段的特点是以保护生态、建设生态文明为目标和指导思想，并以此来开展和指导水利建设工作。

受国际上"工业 4.0"战略的启发，左其亭从水利发展趋势的预测出发，提出"水利4.0"的战略构想，"水利 4.0"即为"智慧水利"阶段，认为下一个水利发展阶段为"智慧水利"阶段，时间上预计在 2021—2050 年前后。该阶段的特点是以丰富的水利经验为基础，充分利用信息通信技术和网络空间虚拟技术，使传统水利向智能化转型。

马兴冠、高春鑫等（2016）以创建"智慧城市"的技术为鉴，提出创建"智慧河流"的管理体系。指出"智慧河流"以数字信息、物联网和云计算等信息化手段为技术支撑，以智慧化生态体系为评估标准，分析"智慧河流"的技术支撑和管理模式，阐述"智慧河流"管理优势：可以实现对流域信息不间断地实时传送和分析，并且依据健康河流的生态标准对河流的生态状况进行自我评估、自我分析诊断、自我调度修复。"智慧河流"管理体系可以克服现有河流管理模式单一化弊端。

2018 年 2 月，水利部在《加快推进新时代水利现代化的指导意见》中明确提出，要全方位推进智慧水利建设。把智慧水利建设作为推进水利现代化的着力点和突破口，加快推进智慧水利建设，大幅提升水利信息化水平。建设全要素动态感知的水利监测体系，实现对水资源、河湖水域岸线、各类水利工程、水生态环境等涉水信息动态监测和全面感知。充分整合利用各类水利信息管理平台，实现水利所有感知对象以及各级水行政主管部门、有关水利企事业单位的网络覆盖和互联互通。建设高度集成的水利大数据中心，加快推进智慧水利实施，在重点领域、流域和区域率先突破，辐射带动智慧水利全面发展。已建水利工程要加快智慧化升级改造，大幅提升水利智慧化管理和服务水平。

2.4　生态智慧堤防概念和构想

2.4.1　生态智慧堤防概念及内涵

从生态文明、生态水利、智慧城市、智慧水利的理念出发，按照堤防主要任务是防洪，堤防主要作用是保护人民群众生命财产安全、保障经济社会可持续发展，根据水生态文明和新发展理念要求，综合考虑自然、生态、历史、文化和环境等因素，结合工程建设实际，提出了生态智慧堤防的建设理念。堤防建设首先要满足堤防防洪功能要求，在确保堤防结构安全的基础上，充分考虑人与自然的和谐相处，按照党的十八大提出的生态文明建设要求和十八届五中全会提出的"创新、协调、绿色、开放、共享"的新发展理念，遵循党的十九大提出的树立和践行"绿水青山就是金山银山"的理念，坚持节约资源和保护环境的要求，尊重自然、顺应自然、保护自然，更加强调绿色生态发展，统筹山水林田湖草系统治理，统筹兼顾水安全、水生态、水环境、水文化、水经济，建设生态堤防。

从堤防工程任务的防洪管理、安全管理、日常巡查管理等功能要求出发，综合考虑堤防工程防洪任务重、安全管理要求高、堤防工程线路长、日常检查巡视工作量大等特点，确保堤防防洪水位预警智能感知、堤防安全监测管理准确研判、堤防工情险情必须及时处置，必须做到堤防管理全面感知，做到防洪管理智能化、安全监控自动化，建设智慧堤防。

可见，建设生态智慧堤防是现代堤防建设与管理的必然要求。建设生态智慧堤防，就是要在堤防建设（包括新建和除险加固等）过程中，在确保堤防安全的条件下，应用生态学原理和物联网、大数据、云计算、自动监测、智能监控等现代信息技术，从整个河流生态系统整体来规划设计堤防的建设与管理，做到尊重自然、顺应自然、保护自然，实现人水和谐，统筹兼顾水生态、水环境、水经济、水景观、水文化，实现防洪安全、生态安全、智能智慧。

生态智慧堤防包括生态堤防和智慧堤防两层含义。所谓生态堤防，是指在确保堤防防洪安全前提下，按照生态学原理进行规划设计，充分保持河流堤防环境的自然形态和生物需要，尽量减少对天然环境的破坏，同时考虑堤防景观性、亲水性、整体性、系统性，做到安全、生态、环境与文化相统一，方便人民群众欣赏水景、亲近水面，安全绿色，保持堤防与周围环境相协调，全面提升堤防安全与生态保障能力的堤防。生态堤防包括生态堤岸、生态堤坡、生态环境与生态压力的应对，建设过程中要根据工程具体条件提出生态建设思路和采取生态建设措施，在设计过程中贯彻生态设计理念，一切工程方案、技术措施、植物措施的采用，均应做到技术可靠、生态优先、尊重自然、顺应自然、以人为本、文化融合、系统设计、整体生态。

所谓智慧堤防，是根据堤防工程的防洪任务和功能要求来考虑，按照现代化、信息化管理要求，以物联网、大数据、云计算、遥感、传感、移动通信、红外数字高清视频、自动控制、智能监控监测等技术为主要手段，以堤防管理信息化、智能化为主要表现形式，建立堤防综合管理信息平台，做到水位监控预警与安全监测自动化、监视智能化、资料数据化、模型定量化、决策智能化、管理信息化、政策制度标准化，实现防洪管理、安全监测、远程巡视、治安管理、智能预警相统一、相协调。

由此可见，生态智慧堤防是生态堤防与智慧堤防相统一的综合体，是按照生态学原理进行堤防规划设计而建立起来的安全、生态、健康智能的，并把新一代信息技术（物联网、大数据、云计算、智能监控等）充分运用在堤防建设中的新型堤防；是生态堤防与智慧堤防和谐结合，人与自然、环境友好共存，可持续发展的堤防。

2.4.2 生态智慧堤防基本构想

从生态智慧堤防概念的内涵出发，提出生态智慧堤防建设基本构想是：堤防建设既要确保工程安全，也要注重堤防生态；要注重采取物联网、大数据、云计算、红外 IP 数字监控、无线通信、全面感知、遥感遥测、自动监测与预警等技术去构筑智慧堤防。

生态智慧堤防包括生态堤防和智慧堤防的建设，主要思路如下：

（1）堤防建设与管理必须贯彻安全可靠、生态优先、以人为本、系统设计、整体生态、文化融合、全面感知、智能监控、智能预警的建设理念。

（2）新建的生态堤防应包括生态堤岸、生态堤坡、生态环境与生态压力的应对；对除险加固类堤防工程建设生态堤防，要根据堤防加固的具体实际来提出生态建设思路和采取生态建设措施，必须贯彻生态设计理念，一切工程方案、技术措施、植物措施的采用均应该贯彻生态优先的思路。

（3）智慧堤防主要根据堤防工程的防洪任务和功能要求来考虑，必须在确保安全方面下功夫，利用物联网、大数据、云计算、遥感、传感、移动通信、自动监控、自动预警等技术，提出对堤防的防洪管理、全面感知、安全监测、智能预警等技术来考虑智慧堤防的建设要求，初步构想是从全面感知、智能监控、智能监测等方面来考虑采取相应的技术措施。

据此，提出生态智慧堤防建设的结构如图 2-1 所示。

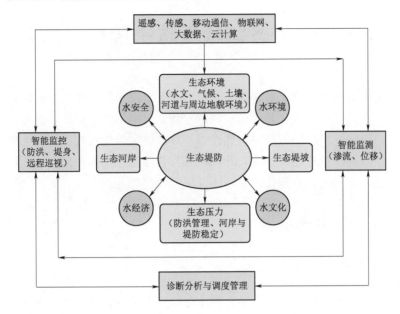

图 2-1　生态智慧堤防建设结构图

第3章 生态智慧堤防主要建设内容

从生态文明思想到水生态文明建设，引申出生态水利工程乃至生态堤防建设；从工程管理自动化到信息化建设，从智慧城市到智慧水利，引申出智慧堤防，将生态水利与智慧水利工程融合建设到提出生态智慧堤防建设，是对堤防工程建设提出的一个新的概念和发展方向。本章结合堤防工程建设实际，开展生态智慧堤防建设技术研究，提出其建设关键问题与主要观点、主要内容、设计理念、建设原则和建设要点。

3.1 关键问题与主要难点

3.1.1 关键问题

将生态水利、生态堤防、智慧水利有机结合，提出生态智慧堤防的全新概念，但要应用到具体的堤防工程建设实践中去，就必须弄清楚生态智慧堤防的概念、内涵、设计思路、建设原则、建设内容和工程实施的主要关键技术。因此，对生态智慧堤防建设的研究，首要的关键问题是要弄清楚什么是生态智慧堤防，生态智慧堤防包括的内涵是什么。鉴于目前国内外还没有生态智慧堤防的建设模式与建设样板，也没有现成的国家标准和行业规范，因此，研究和建设生态智慧堤防，工程建设关键问题主要有：一要研究堤防工程建设应采取什么样的建设理念、设计思路和方法；二要研究生态智慧堤防的具体内涵是什么，包括哪些内容，这直接关系到生态智慧建设的成效；三要研究如何实现生态水利建设理念全新的、整体式的突破，打破生态建设仅以水土保持、绿化为主的传统做法；四要研究生态堤防与智慧堤防具体内容在堤防建设中如何实现；五要研究如何从具体对象出发，结合堤防实际，研究生态智慧堤防的具体技术措施建设内容和主要技术。

3.1.2 主要难点

由于生态智慧堤防是一个全新的概念，没有现成的技术标准和技术规范，国内外也暂未发现具体的实践案例，因此生态智慧堤防建设研究的难点主要有以下几个方面问题：

（1）在弄清楚生态智慧堤防具体要求的基础上，在堤防工程设计中如何突破传统，创新设计思路和设计方法。

（2）要研究如何结合实际，实现生态堤防建设理念的整体突破，从整体上贯彻生态理念，弄清生态智慧堤防的建设原则。

（3）要根据具体生态智慧堤防内涵，解决如何在堤防建设中实施生态与智慧设计理念，不但从生物措施建设生态堤防，更要从工程方案比选、技术措施、设备材料采用等方面系统性地采取相应的措施。

（4）要针对具体堤防工程建设实际，根据生态智慧堤防内涵，提出有针对性的、具体的生态智慧堤防建设内容、方案和关键技术问题。

由此，建设生态智慧堤防，开展生态智慧堤防研究主要内容应包括：生态智慧堤防的概念和内涵；生态智慧堤防的建设思路、设计方法如何创新；生态智慧堤防研究的技术路线如何；如何结合实际体现生态优先的设计理念；如何考虑从堤防建设的整体上实现生态要求；如何突破建设方案比选方法，即采用什么指标衡量和体现建设方案的生态性；堤防工程的生态效益如何进行分析和定量化计算；如何结合工程当地条件，做到水生态与水文化相结合；智慧堤防如何体现其智慧，内容有哪些；堤防的工程任务为防洪，如何实现防洪管理智能化；如何实现堤防安全监测预警方面的智能化，确保堤防防洪安全、结构安全；针对堤防线路长、巡查管理工作量大的问题，采用什么技术手段提升堤防日常管理现代化和信息化水平等。

3.2　主要建设内容和要求

根据生态智慧堤防的基本构想，按照生态文明、生态水利建设要求，适应新时代水利信息化、现代化的管理需要，提出生态智慧堤防的基本概念。所谓生态智慧堤防是指按照生态学原理进行堤防规划设计，建成的安全、生态、智能的堤防，是把新一代信息技术（物联网、大数据、云计算、遥感遥测、自动监测、智能感知等）充分运用在堤防建设与管理中的新型堤防；是人与自然和谐共生、环境友好共存、可持续发展的堤防形式，是智慧堤防与生态堤防的统一体。

从生态智慧堤防的含义可知，进行生态堤防建设，首先要贯彻生态优先的设计理念，在设计全过程中贯彻生态设计原则，一切工程方案、技术措施、植物措施的采用和永久与临时工程建设均应该做到以人为本、生态优先、顺应自然、文化整合、系统设计、整体生态。在安全条件下，充分保持河流堤防环境的自然形态和生物需要，尽量减少对天然环境的破坏，建设过程中要考虑堤防景观性、亲水性、系统性，做到安全、生态、环境与文化相统一，满足人民群众欣赏水景、接近水面及安全绿色的需求，保持堤防与周围环境相协调。

建设智慧堤防，就必须满足堤防工程防洪任务和功能要求，按照现代化管理要求，以物联网、大数据、云计算、遥感、传感、数字高清、全面感知、自动监测等技术为主要手段，以堤防管理智能化为主要表现形式，做到防洪与安全监测自动化、监视智能化、资料数据化、决策智能化、管理信息化、制度标准化，实现防洪管理、安全监测、远程巡视、治安管理、智能预警相统一。

综上，生态智慧堤防建设的主要内容要求包括规划设计、工程方案措施选择与采用、堤防运行管理内容要求等方面。

3.2.1　设计及要求

生态智慧堤防工程建设规划设计要根据流域与区域防洪规划要求、防洪任务分担、综合防护分工、防护对象重要性和等级、工程功能和需求等来确定堤防建设规划布设。堤防规划设计必须从河流整体系统性、自然形态特色、河流天然生物栖息要求综合考虑，要充分保持河流堤防环境的自然形态和生物需要，尽量减少对天然环境的破坏。在堤防设计中，坚决落实安全、生态、智慧的要求，满足堤防安全性、系统性、整体性、生态性、人文性、协调性、感知性、智能性要求。

生态智慧堤防设计方面的主要内容应包括但不限于以下内容：

（1）按照保护自然、生态安全的原则，根据堤防防护对象、范围、河势、水文条件、地质条件、征地移民、生态观景、市政设施规划等要求进行堤防的选址与选线。

（2）根据所在河道地理位置、防护对象、重要程度、地质条件、水文特性、筑堤材料、征地移民、环境景观、管理要求、工程造价等情况，经技术生态经济方案比选，进行堤防型式选择设计。

（3）如存在软弱地基、透水地基等不良地质情况，要根据安全与生态并重原则，研究解决堤防基础和穿堤建筑物基础处理设计方案和措施。

（4）根据防洪标准、堤防等级、堤基条件、建筑材料、河流特性、地形情况、人文景观、生态功能、市政要求等进行堤身、堤顶、堤坡与戗台、护坡、防渗与排水等结构设计。

（5）根据河岸受水流、潮汐、风浪等影响情况，按照安全和生态等要求，进行护岸与堤脚等防护设计。

（6）结合堤防标准以及穿堤建筑物功能任务、等级和人文要求，进行穿堤建筑物的结构与外观设计。

3.2.2　措施选择与材料选用要求

在生态智慧堤防建设过程中，任何工程措施的采用，均必须按照安全、生态、节能环保的要求进行，按照安全可靠、生态优先的原则，选择符合生态节能环保要求的建筑材料、中间材料、机械设备等。如堤顶防汛道路，原则上应采用柔性路面材料；结合堤防建设的沿河碧道应采用生态环保的透水材料；路灯等应采用节能产品；堤防防护建筑材料应采用生态产品等。

3.2.3　堤防安全运行管理和要求

建设生态智慧堤防，必须按照生态与智慧的要素进行堤防管理设计，根据智慧水利和"互联网＋现代水利"的总体框架要求，充分利用物联网、大数据、云计算、遥感遥测、智能感知、自动控制、智能识别、高清视频等技术，进行堤防水文观测（水位、雨量等）系统、安全监测（位移、浸润线、堤基渗透压力、渗透流量等）系统、视频监控系统、交通与通信设施、堤防管理范围和保护范围确定与界桩设计。

3.3　生态智慧堤防主要设计理念

3.3.1　关键技术路线

生态智慧堤防建设技术研究，必须紧紧抓住生态优先和智能智慧这两个关键技术要点，充分结合工程建设实际，一是以实现工程任务，满足工程功能为出发点，解决堤防结构安全、防洪安全、生态安全；二是以堤防工程管理现代化为出发点，实现防洪管理智能化、安全监测自动化、堤防巡查可视化。其关键技术线路如图 3-1 所示。

3.3.2　主要设计理念

生态智慧堤防工程建设过程中，设计是先导，优秀的设计是工程建设成功的前提和基础条件。因此，把设计理念的研究和实施作为重点，围绕生态和智慧两个关键点，提出生态智慧堤防建设的主要设计理念。

1. 整体生态设计理念

生态堤防建设，要求在堤防工程的前期工作、建设实施、运行管理等各个环节，都高度重视对生态和环境的保护，着力维护河湖健康；从工程选址与总体布置、技术方案与施工方案、机械设备选型、节水节能、河流生态、环境保护措施确定到料场选择、弃渣场选址、水土保持措施确定，都围绕"绿色生态、节能减排、低碳环保"的理念进行整体生态设计。打破传统水利工程设计各专业各自为政、缺乏沟通的常规状态，建立工程整体生态的设计理念：首先是确保主体工程建设方案要生态环保，项目总工提出整体生态的设计思路，其他各个专业设计人员根据生态

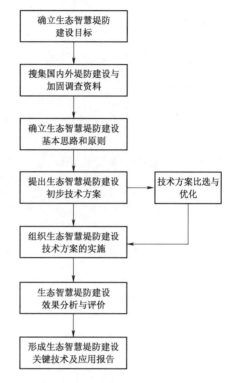

图 3-1　生态智慧堤防建设关键技术线路图

优先、绿色发展的设计理念，水文规划、地质、水工、水力机械、电气、金属结构、施工、节能、征地移民、水土保持、环境保护等从各专业角度提出生态设计方案，同时建立联系机制，互相沟通，共同协作，设计总工按照堤防总体生态的总要求进行总体协调、融合设计。堤防建设各专业设计人员贯彻生态设计理念的基本思路见表 3-1。

表 3-1　　　　　　　各专业落实生态智慧堤防设计基本思路

专　业	基　本　思　路
水文规划	根据当地水文气象、径流、河流天然属性，确定符合生态保护的工程任务和适当规模；对工程管理设计提出生态要求；提出生态效益计算方法和思路
地质	根据区域地质、工程地质、堤防及其穿堤建筑物和天然料场工程地质及水文地质工程勘察成果，提出生态环境地质需解决的问题、边坡稳定生态问题、地下水开采生态允许条件、天然建筑材料开采需注意的生态环境和水土流失问题
水工	联合有关专业，从技术、经济、移民、生态等方面比较，提出符合生态要求的工程选址选线、堤防选型，总布置和安全监测总体方案；确定符合生态要求的工程等别、建筑物级别和洪水标准
水力机械	根据工程任务和水力条件等，经技术经济和节水节能方案比选，提出水闸、泵站等水力机械的选型

专　业	基　本　思　路
电气与信息专业	根据水力机械和电气设备的节能减排等条件，提出电气设备和信息化、智能化设备选型以及智慧堤防管理系统设计
金属结构	根据防洪要求、河流健康保护和管理要求，提出符合节能和生态保护的闸门、启闭机、拦污栅、闸阀等金属结构的型式和布置方式
施工	根据场地地质、水文气象、泥沙等条件，提出符合生态、节能、环保要求的导流方式、料场开采方式、施工总布置方式和主要施工方法
征地移民	根据设计洪水计算成果、工程地质成果，按照生态、环保和水土保持要求，提出征地范围和移民安置总体布局，根据技术经济和生态要求，提出生态防护工程方案
环境保护	从水环境保护、陆生与水生生物保护、土壤环境、人群健康、大气及声环境、固体废物处理、移民安置区环境保护角度，提出符合生态节能要求的方案
水土保持	通过对主体工程总体方案与总体布置、渣场料场规划、施工组织设计评价等，提出水土流失防治责任范围分区和主体水土保持标准、总体布局、生态防治方案与生态绿化措施
造价经济	在方案和选型比较中，从生态角度提出节水节能效益计算和生态效益计算成果，为各种方案技术经济生态比选提供经济依据

2. 安全与生态并重设计理念

在堤防工程设计过程中，既要确保堤防工程结构稳定安全可靠，也要注重生态安全，注重河流系统生态和环境保护；在保证安全的前提下，任何工程方案、技术措施的采用，都必须做到生态优先、节能减排，确保堤防工程整体生态，安全可靠。

堤防工程属于公益性项目，主要工程任务就是防洪，事关社会公共利益和公共安全，事关人民群众生命财产保护。因此，首先应该做到安全可靠、技术先进。但传统的水利工程设计过于强调结构安全，忽视了生态安全问题。在生态文明建设总体要求下，必须做到安全与生态并重。

例如，堤防建设过程中，禁止随意对河流裁弯取直、围垦水面和侵占河道滩地；要保留河道天然曲折的自然属性和河岸的自然生态；在堤防建设中积极采用生物护岸护坡，防止过度"硬化、白化、渠化"，注意水系连通，确保河流生物正常流动；最大限度地降低工程对水生态环境的不利影响。

3. 三因素比选设计方法

堤防工程建设过程贯彻生态设计理念，必须破除传统水利工程设计对建设技术方案或加固方案只进行技术、经济比选的做法，必须同时进行生态方面的定性与定量化分析比较（表3-2）。要从工程选址、工程总体布置、主要建筑物选型、技术方案选择、施工组织设计、机械设备选型、生态流量确定，到土石料场、弃渣场选择、水土保持措施、征地移民、环境保护等方面，进行"技术、生态、经济"三因素比选。在确保安全的前提下，贯彻生态优先原则，综合确定技术可靠、经济合理、节水节能、生态环保的技术方案和措施，确保工程绿色生态、可持续发展。

表3-2　　　　　　　　　传统设计方案比选与生态设计理念比选内容对比

比选类型	传统设计方案比选	生态设计理念方案比选
比较内容	技术可靠性与造价经济比较	技术可靠性、生态适应性和经济合理性比较
比较要求	安全第一、经济合理、因地制宜、节约投资	安全可靠、生态优先、经济合理、节能减排、文化融合、因地制宜、尊重自然、顺应自然、保护自然

例如，进行新建堤防工程或对堤防进行除险加固工程的防渗方案选择时，一般可以采用黏土斜墙、劈裂灌浆、高压定喷（旋喷、摆喷）、塑性混凝土防渗墙、常规混凝土防渗墙等技术方案，进行方案比选时，不但进行技术、经济方面的比较，还要进行生态方面的比较，即从节能减排、地下水补给、水生态环境、植物适应、环境影响等方面进行生态比选，最终按照技术可靠、生态环保、经济合理的原则选择最优方案。

4. 陆生与水生生物并重保护理念

在堤防工程设计与建设过程中，要突破只注重陆生生物保护与修复工作的旧生态设计理念。不但要注重陆生生物的保护及生态绿化、水土保持工作，而且对水生动植物要给予更多的关注，对挺水植物、浮叶植物、沉水植物、漂浮植物和挺水草本植物，以及贝壳类、软体类和鱼类生物资源进行更多的保护，做到陆生与水生植物保护并重，确保河湖生物多样性，保护水体自然生态系统。

在具体的堤防工程（包括在中小河流治理和小流域治理工程）建设中，严格保护天然的水域岸线和浅滩沙洲、深槽等形态，不应随意疏浚，维持滩地天然高低起伏的自然形态；对防洪影响不大的岸边天然灌草植物原则上不清除，最大限度地保护河流之间的连通性和流动性，以保护水体的天然属性，给水生生物以适当的栖息地，并维护水体的自净能力。

5. 多专业联动弃渣资源化设计理念

在堤防工程设计与建设过程中，水工专业应与施工、地质、建材、征地移民、水土保持、环境保护等专业联合研究，首先要从技术方案比选方面入手，尽量减少或避免弃土弃渣的产生；在不可避免产生弃土弃渣时，贯彻因地制宜、综合利用的原则，将弃土弃渣进行资源化利用，尽最大可能减少弃渣对环境的影响，减少弃渣场设置而产生的水土流失风险，减少征地投资和水土保持投资。可将堤防工程弃土再细分为表土、黏土和一般土方三种，将弃渣细分为合规石方、其他石方、土石混合渣料等三类，其资源化利用方向见表3-3。

表3-3　　　　　　　　生态堤防工程弃土弃渣资源化利用主要方向

弃 土 弃 渣 类 别	弃 土 弃 渣 利 用 方 向
表土	主要用于水土保持、生态绿化工程等
黏土	可用于堤身填筑、防渗、灌浆、固壁泥浆等
一般土方	可用于堤身填筑、场地回填、水土保持绿化等
合规石方	可用于护岸、坡面防护、砌体、粗骨料加工等
其他石方	可用于场地填筑、堤后填塘固基等
土石混合渣料	主要用于填塘固基、场地平整、工业用地填高等

例如，在堤防工程的基础开挖和土（石）料场取土过程中，不可避免地产生表土剥离、土石方开挖弃方，此时要从工程总体土石方平衡的角度进行规划和布置分析。对表土进行收集，用于水土保持和生态绿化植物措施。对土方，凡是符合设计参数要求的，用于堤防填筑或灌浆工程。对石方，凡符合要求的，用于砌体工程或混凝土粗骨料。对既不符合堤防填筑要求的土方，也不满足砌体和混凝土骨料要求的石方，则可用于工程场地平整填筑、坑塘回填、堤后填塘固基等，也可用于工程附近其他项目的工业区、民用设施的场地填筑。或者还可以用于提升移民工程的低洼耕地高程等。对于堤防建设过程涉及的所有表土剥离和弃渣，都应该进行资源化综合利用，尽最大可能减少弃渣，进而减少设置弃渣场。最佳方案是全部利用，不设置弃渣场，减少水土流失和生态风险，节约投资。

6. 统筹兼顾水生态、水文化设计理念

生态堤防的设计与建设，按照总体生态的总要求，牢固树立"绿水青山就是金山银山"的建设理念，充分利用工程所在地的自然地形和人文条件，适当满足人民群众的生产生活与文化需要，促进工程建设与当地人民群众的和谐共建、发展共赢。结合工程建设实际，按照安全可靠、生态优先、因地制宜、以人为本、人水和谐、文化融合、经济合理的原则，将河流生态、建设方案、环境保护、水源保护、人居环境整治、水土保持工程、亲水景观设计与水利历史、水利文物、水利传说、治水事迹、工程建设历程、水利人精神、水利知识、水法规宣传教育等水文化设施建设相结合，将堤防工程建设成为"水安全、水生态、水环境、水文化、水景观、水经济"六位一体的综合性水利工程。

例如，在堤防工程设计过程中，由于大多数堤防建设比较靠近当地城镇和群众聚居地，应在保证防洪安全的基础上，结合地方城镇建设，建设亲水平台、休闲带、湿地公园、碧道等，以促进生活空间宜居适度；对河流岸边原生植物尽量保留；对于自然形成的沙滩、浅滩等进行保护性利用；充分利用堤防附近自然山体和空闲地，结合人居环境整治，布置群众体育健身设施，将水利知识、水利历史、治水故事、堤防建设历程、先进事迹、水利书法作品、水源保护和水法规宣传结合起来建设水文化长廊和相关健身设施；将水土保持与生态绿化建设成宣传水工程、保护水生态、普及水保知识、珍惜水资源、保护水环境的一个先进文化景点。

7. 防洪巡查安保三位一体智能监控设计理念

按照智慧堤防的建设要求，堤防工程建设的智能化设计首先要确保堤防防洪功能的实时监控，及时掌握水位、雨量等防洪要素，同时要满足堤防工程建成后的日常巡查管理、安全保卫监控等工作。充分利用物联网、大数据、遥感遥测、云计算、高清视频、无线 WiFi、人脸识别、电子地图、智能感知等技术手段，做到防洪水位、雨量自动监测自动预警，对堤顶、堤身、裂缝、滑坡、坍塌、渗透变形、表面侵蚀等的日常巡视检查、堤防治安巡查等，做到防洪、巡查、安保三位一体智能监控，及时发现、及时处理、确保安全。

8. 绿色智能安全监测系统设计理念

智慧堤防运行管理的重点就是要确保堤防运行安全，必须采用先进可靠的智能化堤防监测技术，才能及时、有效地掌握堤防工程的安全运行情况。堤防工程安全运行的关键就是及时掌握堤身浸润线、渗透压力和渗透流量、位移变形等情况，因此，堤防安全监测设计要充分利用自动采集、智能传感、无线传输、物联网、云计算、智能分析决策软件等，实现对堤防安全监测的自动采集、自动传输、自动分析、智能预警。对于远离供电设施或者雷暴区的堤防，更要考虑采用太阳能供电，确保安全监测装置可靠运行。

影响堤防安全的另一个重要观测因子，就是堤防垂直位移和水平位移监测，原则上要利用 GNSS 卫星导航定位系统对堤防进行变形监测，即采用美国 GPS 和我国北斗卫星系统，建立天地一体、全天候 24h 自动监测系统，实现对堤防安全的智能监测。将 GPS、北斗和计算机技术、数据通信技术及数据处理与分析技术进行集成，可实现从数据采集、传输、管理到变形分析及预报的自动化，达到对堤防位移情况进行远程在线网络实时监控的目的。

3.4　生态智慧堤防建设基本原则

3.4.1　建设基本思路

堤防主要工程任务为防洪，因此，堤防建设首先要保证堤防结构稳定安全，才能有效捍卫保护区内的人民生命财产安全、保障经济社会持续发展，满足人民群众对美好生活的向往；其次是要贯彻以人为本、生态优先、顺应自然、文化融合、系统设计、整体生态的生态设计理念，建成生态堤防；第三是要应用物联网、云计算、大数据、遥感遥测、高清视频、智能感知、自动控制等信息技术，实现堤防防洪水位、治安巡查、安全监测远程化、可视化、智能化，打造智慧堤防。根据防洪安全要求、水生态文明建设和智慧水利建设总要求，生态智慧堤防设计和建设思路如下：

（1）贯彻安全可靠原则。要根据工程任务和工程存在的问题，研究采取什么堤型、堤身结构、基础处理、防渗等技术方案，采取哪些技术措施，确保实现堤防建设目标。

（2）贯彻生态优先理念。要在保证安全可靠的基础上，研究如何做到方案生态、措施生态、整体生态，做到尊重自然、顺应自然、保护自然，实现工程安全与生态安全并重。

（3）实现堤防管理智能化。要根据堤防工程安全责任大、管理路线长、管理范围广的实际，采取现代信息技术，做到防洪水位、安全监测、日常巡查远程监视、智能感知、自动监测、智能预警。

（4）统筹兼顾系统治理原则。要研究工程所处河流自然条件、水文气候和地貌条件，因地制宜统筹工程措施与生态措施，实现经济效益和环境生态效益双赢。

（5）人水和谐文化融合原则。要充分利用当地自然条件和资源，注重以人为本，融合水文化建设，实现人水和谐、人与自然和睦（见表 3 - 4）。

表 3 - 4　　　　　　　　　生态智慧堤防建设基本思路和构想

基 本 思 路	工程建设主要内容构想
保证安全可靠	社岗堤工程任务为防洪，确保结构稳定、防洪安全，实现建设目的
贯彻生态优先	采用方案比选新方法，采用生态节能产品，实现生态优先设计思路
实现智能智慧	利用先进技术，实现防洪、管理与安保一体化，安全监测智能化
做到经济合理	因地制宜结合实际采用安全、生态、节能环保技术，确保经济合理
实现文化融合	利用地形和人文历史，兼顾水文化建设，实现人水和谐、文化融合

3.4.2 建设基本原则

根据堤防建设的任务和目的，从建设安全堤防、生态堤防、智慧堤防的设计思路出发，提出生态智慧堤防建设指导原则。

（1）技术先进，安全可靠。在堤防工程建设过程中，坚持技术可靠、安全适用原则，强调安全第一，确保技术可行、措施可靠。无论是新建、扩改建还是除险加固堤防工程，任何工程措施的采用，既要注意选用先进适用的技术，又要保持安全可靠，采用的任何工程措施决不能成为新的安全隐患，决不能危及人民群众生命财产安全，决不能危害社会公共利益，要确保防洪安全。

（2）系统设计，整体生态。堤防工程建设要从整个河流水系和工程陆地生态系统整体考虑，从生态系统结构和功能出发，掌握生态系统各个要素间交互作用，提出最大限度减少对河流和陆地生态系统影响的综合方法，既考虑河道水文系统影响和修复问题，也关注动物和河岸植被减少和修复；充分利用工程的、植物的、生态的综合作用，在建设方案选择中引入"技术、生态、经济"三因素比选新方法，从堤防工程整体生态方面进行系统性设计。尽最大努力减少或避免对天然河道的破坏和影响，寻求最佳生态工程方案，善于利用生态系统自组织、自设计、自恢复特性，实现人与自然和谐相处。

（3）以人为本，生态优先。在确保堤防工程安全前提下，贯彻以人为本、方便管理、生态优先原则。设计方案的选用，尽可能结合工程地形地貌条件，综合考虑周边人民群众生产生活的需要，满足人民对美好生活的向往；注重工程措施对生态环境影响，尽最大可能保证河流天然形态和自然特性。采用对生态环境影响最小的工程技术措施和生态措施，工程建设中任何材料设备、技术方案和植物措施的采用，要优先采用生态的、绿色的、节能的环保材料，做到生态影响最小化，生态效益最优化。

（4）顺应自然，保护自然。在堤防规划设计与建设过程中，无论是堤线、堤型选择，还是堤身结构、防渗方案选定，或者是护岸型式、护坡方案确定，或者是料场选择、弃渣堆放和利用，水土保持与景观绿化等，都应该贯彻尊重自然、顺应自然、保护自然的原则，尽可能利用原有地形地貌，保护河流岸线的天然状态和河边岸上的植物，尽可能保护两岸的河流景观和人文环境，最大限度地利用当地材料建筑堤防，把堤防建设成生态堤防、人文堤防。

（5）高清监控，智能管理。堤防工程的主要任务是防洪，工程建设中要注重利用现代技术来提高防洪管理水平。要充分利用高清视频、射频识别、红外感应、电子地图、物联网和无线通信等现代信息技术，对堤防管理范围进行高清视频巡查和治安监控；对堤防防洪水位进行自动监测、自动预警，实现网上巡查、远程巡视、自动监控，智能高效地管理堤防，确保堤防安全、智能感知。

（6）智能监测，准确可靠。堤防工程建设过程中，要充分考虑堤防工程线路长、范围广、管理任务重、难度大的特点。既要考虑采用现代先进技术方案实现工程建设任务，更要考虑提高堤防工程建成后的管理效能。充分利用物联网、云计算、遥感遥测、红外感应、激光扫描、智能传感器、自动监测、无线通信和信息网络等技术，将各类监测传感器采集到的数据和信息发送到数据中心；实现堤防安全监测管理自动化、智能化，确保堤防工程过程管理及时、可靠、准确。

（7）因地制宜，文化融合。在堤防工程建设过程中，对工程技术、生态、植物等措施的运用，贯彻因地制宜、经济合理原则，对工程技术措施遵循风险最小和效益最大原则进行经济分析；注重建设过程中利用工程当地自然地形地貌条件，尽可能结合水利历史、水利文化和地方人文素材，进行适当的绿化景观建设；注重采用当地建筑材料，注重对弃土弃渣进行资源化利用，统筹兼顾水环境、水景观、水生态、水文化和水经济，以合理的投入获得合适的技术路线，以最优工程技术方案去实现最大社会与生态效益。

3.5　新建生态智慧堤防建设要点

3.5.1　总体要求

新建堤防要建成生态智慧堤防应遵循以下原则：

（1）明确堤防工程任务为防洪，要确保堤防防护区的防洪安全，就要保证堤防结构安全，从而保证堤防建成后能满足河流、湖泊、海岸带综合规划和防洪潮规划的要求，城市范围内的堤防建设还要满足城市总体规划要求。

（2）贯彻以人为本、生态优先、系统设计、整体生态的设计原则，建成生态堤防。

（3）强化先进技术在堤防管理上的应用，建成智慧堤防，采用物联网、大数据、云计算、遥感遥测、移动通信、高清视频、智能监控、智能监测等现代信息技术，实现堤防防洪水位、堤防稳定监测、渗流监测、位移监测、远程巡视、治安巡查的可视化、智能化，打造智慧堤防。

（4）贯彻因地制宜、就地取材、经济合理、文化融合的原则，积极慎重地采用新技术、新材料、新工艺。

（5）更加注重方案比选，所有技术方案均应通过"技术、生态、经济"三因素比较后，按照技术可靠、生态优先、经济合理的原则进行选择，做到安全与生态并重。

3.5.2　堤线布置要点

堤线布置应根据流域、湖泊、海域岸线保护规划、防洪（潮）规划，地形、地质条件，河流和海岸线变迁情况，结合现有或拟建建筑物位置、施工条件，已有工程状况及征地移民、文物保护、生态及环境保护、造价经济等因素，经"技术、生态、经济"三因素比较后综合确定。

生态堤防的堤线布置应该遵循以下原则：

（1）堤线应与河势流向相适应，并与洪水的主流线基本一致。

（2）堤线布置应贯彻尊重自然、顺应自然、保护自然的原则，尽最大可能保证河流蜿蜒曲折、自然生态的天然形态；不应随意清除河岸原生林木和沙滩，满足水生动植物栖息需要。

（3）堤线布置应力求平顺，沿河岸布置，各堤段平缓连接，不得采用折线或急弯，不得对岸线进行裁弯取直。

（4）尽可能利用现有旧堤防和有利地形，修筑在地质条件较好、较稳定的滩岸上，并留有适应宽度的滩地，尽可能避免软弱地基、深水地基、古河道和强透水地基。

（5）堤线布置原则上不占用耕地，尽量减少拆迁，避开文物古迹，方便堤防管理和防洪抢险。海堤线尽量避开强风或暴潮的正面袭击。

（6）靠近城镇或居民集中居住地的堤防，在确保堤防防洪等功能的前提下，可以结合市政设施建设，利用地形地貌条件、地方先进历史文化和特色民俗，结合建设水文化和休闲设施（如结合碧道建设等），满足人民群众日益增长的对美好生活的向往，做到以人为本、文化融合。

3.5.3 堤型选择要点

（1）新建堤防的堤防结构型式应贯彻安全可靠、以人为本、因地制宜、就地取材、经济合理、生态环保的原则。

（2）堤型选择应根据堤防所在地理位置、地形地貌、堤防等级、重要程度、堤址地质、筑堤材料、水流与风浪特性、施工条件、征地移民、管理运用、环境影响、景观要求、生态要求、工程造价等因素，经"技术、生态、经济"三因素方案比选后，综合确定。

（3）堤型建筑材料选择，除因地质、地形、文物、拆迁、水流条件等特殊因素影响的堤段必须采用钢筋混凝土、浆砌石等圬工材料外，原则上不应用或少用钢筋混凝土、普通混凝土、浆砌石等硬质护坡，应尽可能采用草皮、混凝土连锁草砖、生物毯、格宾笼等生态护坡护岸；一般可选择均质土堤、斜墙式土堤、心墙式土堤等。

（4）堤防断面设计原则上不应采用垂直断面，应采用斜坡或复式斜坡断面，尽可能设置亲水平台或结合布置碧道，断面设计要尽可能满足人民群众亲近自然、亲近河流以及天然景观、休闲和生态保护等要求。

（5）堤防的防渗设计应根据堤型、堤基地质、筑堤材料等因素，原则上应按照生态优先的原则，经"技术、生态、经济"三因素方案比选和稳定计算后综合确定。

3.5.4 堤基处理要点

（1）堤基处理是堤防工程建设的重中之重，应贯彻技术先进、安全可靠、生态环保、经济合理、因地制宜、方便施工的原则。

（2）堤基处理应根据堤防工程级别、堤高、堤基地质条件、渗流控制、堤防稳定、变形等要求，经"技术、生态、经济"三因素方案比选后确定。

（3）软弱土堤基的处理要点：对浅埋的薄层软黏土宜挖除；当厚度较大难以挖除或挖除不经济时，可采用铺垫透水材料加速排水和扩散应力、在堤脚外设置压载、打排水井或塑料排水带、放缓堤坡、控制施工加荷速率等方法进行处理。对于1级、2级重要堤防的软弱地基，可采用振冲法、强夯、水泥搅拌桩等方法进行堤基加固；具体的处理方法，应进行"技术、生态、经济"三因素方案比较后确定。

（4）透水堤基的处理要点：贯彻安全、可靠、生态原则。对浅层透水堤基宜采用黏性土截水槽或其他生态垂直防渗措施截渗；相对不透水层埋藏较深、透水层较厚且临水侧有稳定滩地的堤基宜采用铺盖防渗；对深厚透水堤基上的重要堤段，可设置黏土、土工膜、固化灰浆、高压灌浆（定喷、旋喷、摆喷）、普通混凝土、塑性混凝土、沥青混凝土等地下防（截）渗墙，防渗墙的深度和厚度应满足堤基和墙体材料允许渗透坡降的要求。需指出的是，任何防渗方案的采用，应进行"技术、生态、经济"三因素方案比较，特别要注意生态适应性、地下水补给等问题。原则上宜采用生态性较好的（如黏土、塑性混凝土）防渗方案。

（5）双层或多层堤基的处理要点：贯彻安全可靠、生态环保、经济适用原则，技术方案经"技术、生态、经济"三因素比选后确定。对于双层或多层堤基的处理，根据堤基的地质条件，可采用堤背侧加盖重、排水减压井、排水减压沟、高压灌浆（定喷、旋喷、摆喷）、塑性混凝土防渗墙等措施，既可结合使用，也可单独使用。对表层弱透水层较厚的堤基，宜采用透水材料进行盖重处理；对表层弱透水层较薄的堤基，当堤基下卧的透水层基本均匀且厚度足够时，宜采用排水减压井；对弱透水层下卧的透水层呈层状沉积，各向异性且强透水层位于地基下部，或其间夹有黏土薄层和透镜体，宜采用排水减压井。

3.5.5　堤防护坡设计要点

（1）堤防护坡应按照安全可靠、生态环保、就地取材、方便维护的原则进行设计。根据堤防所在河流、海域、降雨、城镇、乡村、地形等条件，根据实际情况左右岸可采取不同的防护方式；对不同堤段或同一坡面的不同部位可选用不同的护坡型式。

（2）临水侧护坡型式一般应根据风浪、水流速度、船行波，结合堤防等级、堤高、堤身堤基、护坡材料、断面尺寸、强度等因素，经"技术、生态、经济"三因素比选后确定。临水侧和背水侧护坡原则上可选用斜坡式、陡墙式、复合式等结构，原则上应采用斜坡式或复合式结构的生态护坡。根据水流条件等，一般常遇水位以下堤坡采用抗冲刷能力较强的防护措施，常水位以上的堤坡采用草皮等生态护坡为主。

生态护坡一般可选草皮护坡、混凝土连锁块、生态混凝土砌块、预制六角螺母块、雷诺护垫生态护坡、生物毯、格宾石笼、组合护坡等，具体选择时应经"技术、生态、经济"三因素比选后确定，各种护坡实例如图3-2～图3-9所示。

图3-2　连锁混凝土块体生态护坡　　　　图3-3　混凝土砌体生态护坡

图3-4　常遇（设计）洪水位以下
采用混凝土草砖

图3-5　复合式生态护坡（左右岸不同）

图3-6　格宾石笼（分级）生态护坡

图3-7　格宾石笼生态斜面护坡

图3-8　草皮护坡（左岸）、混凝土草皮砖
护坡结合亲水平台（右岸）

图3-9　设计或常遇水位以下采用预制
大角螺母块生态护坡

（3）风浪强烈的海堤临水侧坡面的防护宜采用混凝土、钢筋混凝土异形块体、反弧体等工程措施与植物措施相结合进行，海堤工程各种防护实例如图3-10～图3-14所示。异形块体的结构及布置应根据消浪要求，经计算确定。海堤背水侧护坡应根据暴雨、越浪要求确定。

图 3-10　海堤混凝土异形体护坡

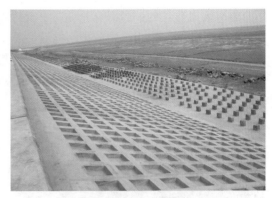

图 3-11　海堤混凝土框格护坡

图 3-12　海堤混凝土异形块护坡

图 3-13　海堤混凝土反弧段护坡

3.5.6　堤岸防护设计要点

（1）堤岸防护工程设计应贯彻安全可靠、生态优先、统筹兼顾、因地制宜、经济合理、工程措施与生物措施相结合的防护方法。

（2）堤岸防护结构型式的选择，应根据风流、水流、潮汐、船行波作用、地质、地形、施工、可能最大冲刷深度等条件，经"技术、生态、经济"三因素比选后确定。堤岸防护工程结构和材料原则上应符合坚固耐久、抗冲抗磨、适应河床变形、生态经济、便于维护，其结构型式一

图 3-14　海堤红树林防护与混凝土护坡相结合

般有坡式护岸、坝式护岸、墙式护岸、组合护岸和其他防护型式。

（3）重要河流和流态复杂河段的堤岸防护型式应通过水工模型试验后确定。堤岸防护

工程与堤身防护工程连接应保证良好，以确保堤防安全。

（4）坡式防护的护脚部分对堤防安全特别重要，其结构型式应根据岸坡情况、水流条件、河床地质等，采用植物防护、抛石、石笼、组合式防护、模袋混凝土块体、混凝土及铰链式混凝土板、钢筋混凝土块体、土工织物软体排等，经"技术、生态、经济"三因素比选后确定，各种护岸实例如图3-15～图3-21所示。

图 3-15 抛石与植物防护相结合的护岸

图 3-16 植物措施为主的生态护岸

图 3-17 植物护岸与混凝土草砖护坡相结合

图 3-18 格宾石笼堤岸防护（迎流顶冲段）

图 3-19 模袋混凝土护脚与混凝土
草砖护坡组合

图 3-20 模袋混凝土护岸（施工中）

（5）坝式护岸布置可选用丁坝、顺坝及丁、顺坝相结合等型式，坝头位置应在规划的治导线上；顺坝应沿防洪治导线布置，丁坝的平面布置应根据河流整治规划、岸线保护规划、水流流势、河岸冲刷情况和同类工程经验确定，1 级、2 级堤防及其他重要堤防，一般应通过水工模型试验确定。

图 3－21　混凝土护岸与框格草坡护坡组合

（6）墙式护岸一般只用于河道狭窄、堤外无滩易受水流冲刷、保护对象重要、受地形限制、受已建建筑物限制的堤段或易塌岸堤段。墙体结构材料可采用钢筋混凝土、混凝土、浆砌石、混凝土砌块、格宾石笼等，断面尺寸及墙基嵌入堤岸坡脚深度应根据水流、堤身稳定、基础及稳定计算成果分析确定。对迎流顶冲和冲刷严重的堤段，特别要加强对堤基的防护。

3.5.7　堤防智慧管理要点

（1）新建堤防管理设计应根据工程规模和防洪任务，按照技术先进、实用可靠、以人为本的原则，采用大数据、云计算、物联网、智能感知、高清视频、自动控制等现代信息与智能技术进行设计和建设。

（2）新建堤防工程观测一般应设置外江水位或潮位、变形监测（垂直与水平位移）、堤身浸润线、堤基渗透压力、渗透流量和表面观测等项目。

（3）堤防外江水位（潮位）监测应进行动态监测，可采用成套的在线水位监测（水位在线监测系统）自动监测水位动态信息；或采用固定水尺与高清视频监测系统相结合，建立自动监测水位动态信息。

在线水位监测（水位在线监测系统）主要由监控中心、通信网络、终端设备、测量设备等四部分组成。水位智能监测系统拓扑图例详见图 3－22。

（4）堤防变形监测主要包括堤身垂直位移与水平位移监测。变形监测的平面坐标与高程应与设计、施工、运行各阶段的控制网一致，并与国家控制网建立联系。应采用全球导航卫星系统 GNSS 的双频双星全自动监测方式进行变形监测，或采用分布式光纤监测。

GNSS 系统由三部分组成：GPS 数据采集子系统、数据传输子系统、数据分析及管理子系统（监控中心），其中 GPS 数据采集子系统由安装在堤防表面的监测设备组成；采集的原始数据通过数据传输子系统进行传输，数据传输子系统主要由光纤搭建而成；原始数据最终传到监控中心由专用软件进行自动解算、自动分析、自动判断、自动打印和自动预警。堤防位移监测智能化系统架构如图 3－23 所示。

（5）堤防渗流观测主要包括浸润线、堤基渗透等，必要时可进行渗流量、水质分析等监测。浸润线监测是土质堤防最重要的安全监测，原则上应采用成套的自动监测系统，自动监测系统一般由监测仪器、监测数据采集装置、通信装置、计算机及外部设备、数据采

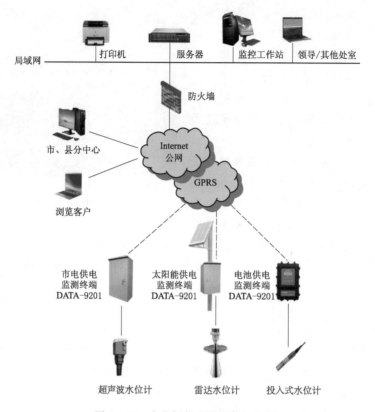

图 3-22 水位智能监测系统拓扑图

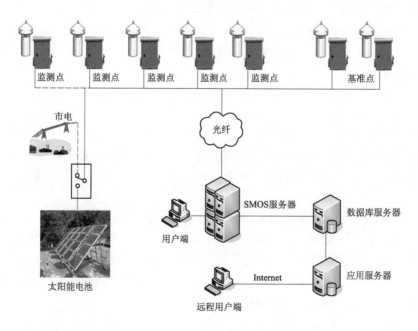

图 3-23 堤防位移监测智能化系统架构图

集和管理软件、供电和防雷设施等组成，要求监测系统做到监测数据自动采集、自动传输、自动存储、自动分析判断、自动预警、自动打印报表。

3.6　加固生态智慧堤防建设要点

3.6.1　明确需要加固内容

已建成的堤防工程如需要进行除险加固，可能是由于原堤防堤基或堤身隐患严重，或洪水期发生过较大险情，一般来说，老旧堤防可能存在以下问题：

（1）原来的旧堤防基础处理存在缺陷、没有进行基础处理或处理不到位，存在管涌、牛皮胀、渗透、渗漏、堤后沼泽化等问题。

（2）堤身填筑质量存在问题，堤身单薄，断面尺寸不足，出现堤身局部滑塌、沉降、塌陷、跌窝、裂缝、孔洞、松土层等，堤防强度及稳定性不能满足防汛安全要求。

（3）堤岸防护措施不满足要求，在风浪、水流、潮汐作用下，发生堤脚、堤身冲刷破坏，引起塌陷、塌岸、跌窝、滑坡、割脚等问题。

（4）堤防上的各类穿堤、跨堤、交叉建筑物存在沉陷、滑塌、开裂等问题。

（5）其他堤防建筑物如防洪墙、堤顶路面、路灯、安全观测设施、排水设施、防汛道路等存在缺陷和不符合堤防设计规范的情况。

3.6.2　明确总体设计要求

对堤防存在的问题，必须按国家标准和行业规范要求进行安全鉴定，经主管部门审核批准后进行除险加固。对于除险加固的堤防项目，应该根据安全可靠、生态环保、经济合理的原则，要确保实现除险加固的目的，除险加固设计应该按不同堤段存在问题的特点分段进行。根据生态智慧堤防建设理念和原则，生态智慧堤防除险加固工程总体设计与建设要求如下：

（1）贯彻安全可靠、经济合理、系统设计、整体生态的设计原则。就是在堤防除险加固工程项目中，要做到从堤防整体工程出发，从系统工程的观点去设计，综合考虑河流、水文、地质、建筑材料、施工条件、征地移民、环境影响、水土保持、结构型式、工程管理、造价经济等方面，设计各专业均要从智慧与生态的角度考虑工程建设方案，统筹兼顾技术、经济与生态建设，设计安全与生态并重、效益与经济相宜的生态堤防工程。

（2）贯彻因地制宜、生态优先、以人为本、文化融合设计原则。就是在堤防除险加固工程建设过程中，根据生态优先的要求，所有建筑材料、设备设施均要采用生态环保材料设备；任何工程措施方案的选用，在保证安全的基础上要首先考虑生态措施。

要根据现有堤防的地形地貌、水文气象、河流形态、建筑材料、周边环境和堤防所处城镇乡村位置、城乡居民等实际情况，尽可能利用当地自然资源条件，结合城镇建设，因地制宜地采用当地材料、利用地形条件布置料地、弃渣场；要结合河流堤岸条件、美丽乡村建设需要和当地城镇乡村居民健身休闲需要，建设一些便民、利民设施和文化、休闲设

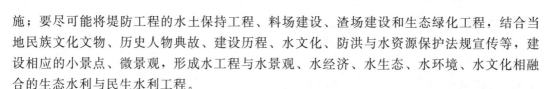

施；要尽可能将堤防工程的水土保持工程、料场建设、渣场建设和生态绿化工程，结合当地民族文化文物、历史人物典故、建设历程、水文化、防洪与水资源保护法规宣传等，建设相应的小景点、微景观，形成水工程与水景观、水经济、水生态、水环境、水文化相融合的生态水利与民生水利工程。

（3）充分利用现代信息技术，实现堤防综合管理自动化、智能化。要根据堤防工程防洪任务和功能要求，按照新时代水利现代化管理要求，运用现代管理理念和技术，借鉴先进经验，全面提升水利管理精准化、高效化、智能化水平。以物联网、大数据、云计算、遥感、传感、移动通信、红外数字高清视频、自动控制、智能感知等技术为主要手段，以堤防管理智能化为主要表现形式，建立堤防综合管理信息平台，做到水位监控预警、安全监测自动化、监视智能化、资料数据化、模型定量化、决策智能化、管理信息化、政策制度标准化，实现防洪管理、安全监测、远程巡视、治安管理、智能预警相统一、相协调。

3.6.3　堤基问题处理

对堤防基础加固处理一定要在地质钻探和安全鉴定的基础上，全面分析堤防基础存在的主要问题，首先要搞清堤基的基本情况：是软弱地基还是透水地基或者是双层或多层地基，出现过的险情是管涌还是流土破坏，根据不同情况采取有针对性的加固措施。无论是哪一类地基，或者是采取哪一种加固措施，都应该高度重视除险加固方案的比选。根据生态堤防建设要求，设计时应该采取"技术、生态、经济"三因素比较的设计方法，例如，对透水堤基和双层或多层堤基，一般可采取垂直防渗的方案进行除险加固。垂直防渗一般有劈裂灌浆、高压定喷、塑性混凝土防渗墙、普通混凝土防渗墙等技术方案。进行方案选择时，除必须进行技术可靠性、经济合理性比较外，还要进行节能减排、地下水补给等生态方面的比较。三因素的方案比选，就是不仅仅要进行方案的技术可靠性、适应性和生态适应性的描述，以及工程量和造价的具体分析比较，还需进行各个方案的节能减排等具体数量的比较，即生态方面的定量分析计算。

对于修建于透水地基或双层、多层地基上的堤防，经渗流计算，堤防背水坡或堤后地面渗流逸出比降不能满足规范要求，或者洪水期间曾出现过严重渗漏、管涌或流土破坏险情时，经"技术、经济、生态"三因素方案比选后，一般可采取下列加固措施：

（1）对浅层透水堤基（即下卧的透水层不深时），宜采用截水槽或其他垂直防渗等措施截渗。

（2）对覆盖层较厚且下卧强透水层较深的堤基，可在背水堤脚外适当位置设置减压井等措施。

（3）对相对不透水层埋藏较深、透水层较厚且临水侧有稳定滩地的堤基宜采用黏土铺盖等防渗措施。

（4）对深厚透水地基上的重要堤段，可设置黏土、土工膜、固化灰浆、混凝土、塑性混凝土、沥青混凝土等地下截渗墙，截渗墙的深度和厚度应满足堤基和墙体材料允许渗透坡降的要求。

（5）对多层堤基处理措施可采用堤背侧加盖重、排水减压沟、排水减压井等措施，处理措施可单独使用，也可结合使用。

（6）对岩石堤基强烈风化可能使岩石堤基或堤身受到渗透破坏时，防渗体下的岩石裂隙应采用砂浆或混凝土封堵，并应在防渗体下游设置滤层，非防渗体下宜采用滤料覆盖。

（7）对岩溶地区，应在摸清情况的基础上根据当地材料情况，填塞渗水通道，必要时可加设防渗铺盖等。

3.6.4　堤身质量处理

当堤身填筑质量普遍不好或渗径不足时，一般可以采用充填灌浆或劈裂灌浆（又分灌黏土泥浆、或灌水泥浆等）或其他垂直防渗等措施进行加固，此时进行加固方案比较时，同样必须按照"技术、生态、经济"三因素的方案比较，按照技术可靠、生态安全、经济合理的要求来选择除险加固方案。

对堤身填筑质量存在的问题，根据具体堤防工程地质钻探取样情况，应针对不同情况，经三因素方案比选后，可采取下列加固措施：

（1）对堤身出现局部滑塌的情况，宜开挖重新填筑压实，必要时可采取放缓堤坡等措施。

（2）对堤身存在较大范围裂缝、孔洞、松土层或堤与穿堤建筑物结合部出现贯穿裂缝的，应开挖并回填密实；对难于开挖部分宜采用充填灌浆进行加固。高度大于 5m 且填筑质量普遍不好的土堤，宜采用灌浆、塑性混凝土防渗或其他有效措施进行加固。当需要结合灌浆消灭白蚁（或红火蚁）时，可在浆液中掺入适量的灭蚁药物。

（3）对于堤身断面不能满足抗滑稳定或渗流稳定要求，或堤顶宽度不符合防汛抢险需要的堤段，可用填筑压实法或其他方法加宽堤身或加修戗台。

（4）对于堤身渗径不足且帮宽加戗受场地限制时，应根据"技术、生态、经济"三因素方案比较后，可在临水坡增建黏土或其他防渗材料构成的斜墙，或采用黏土混凝土截渗墙、塑性混凝土防渗墙、高压旋（定）喷墙、土工膜截渗，必要时，在堤背水坡脚修砂石或土工织物排水。

3.6.5　堤防护坡缺陷处理

应根据待除险加固的堤防护坡损坏程度、河流风浪作用大小、船行波等不同情况，按照安全、生态，结合景观建设要求，经"技术、生态、经济"三因素比选后，确定堤防护坡的结构型式和类型。

（1）原则上迎流顶冲堤段或流速较大河流的堤防迎水坡常遇水位（个别特别重要的堤防可防护到设计洪水位）以下，经比选可采用抗冲刷能力较强的浆砌石（干砌石）、模袋混凝土、生态混凝土、格宾石笼等硬护坡，其他堤段的常遇水位以下一般可采用生态混凝土、连锁混凝土块、六角混凝土块、生物毯等护坡型式，非特殊情况，原则上常遇水位以上应采用草皮护坡。

（2）同一堤防工程的不同堤段，根据地形、水流等不同情况，在满足安全的条件下，其护坡可分别采用不同的护坡组合，要保证安全可靠、生态环保。

（3）按不允许越浪设计的堤防及海堤，背水坡的防护原则上应采用草皮护坡，草皮的选用应根据立地条件，按照适地适草的原则，选择适合当地土壤及气候条件的草种。

3.6.6 堤岸防护缺陷处理

应根据堤防所在河流的水流淘刷深度、风浪作用大小、工程结构型式和护岸破坏程度等不同情况，经"技术、生态、经济"三因素方案比选后，可采取措施进行修复和加固。原则上护岸工程设计应统筹兼顾、合理布局，并宜采用工程措施与生物措施相结合的防护方法。

（1）堤防护岸的结构和材料应符合坚固耐久、抗冲刷、抗磨损性能强，适应河床变形能力强，便于施工、修复、加固，安全可靠、生态环保、就地取材、经济合理等要求。

（2）堤防护岸工程的结构选型，应根据堤防所在河流、海域的风浪、水流、潮汐、船行波作用、地质、地形情况、施工条件、运用要求等因素，经"技术、生态、经济"三因素方案比选并结合城镇建设、休闲观光、亲水平台、碧道建设等要求，选用坡式护岸、坝式护岸、墙式护岸和其他型式的护岸。

（3）特别是对于墙式护岸，一般仅对河道狭窄、堤外无滩且易受水流冲刷、保护对象重要、受地形条件或已经建成的建筑物限制的塌岸堤段采用。墙式护岸的结构型式首先要满足安全要求，经比选采用：临水侧可采用直立式、陡坡式、直斜复合式、台阶复合式等，尽量不采用单一直立或单一陡坡式；背水侧可采用直立式、斜坡式、折线式、卸荷台阶式等，背水侧也尽量不采用直线式，并尽量与城镇建设相衔接。

（4）墙体结构材料可采用钢筋混凝土、普通混凝土、生态混凝土、混凝土砌块、浆砌石、块石格宾笼等，根据生态水利工程建设要求，建议一般应采用生态混凝土、混凝土砌块和格宾笼等。墙体的断面尺寸及墙基嵌入堤岸坡脚的深度应根据具体情况及堤身和堤岸整体稳定计算分析确定。特别应注意的是，在水流冲刷严重的堤段，应切实加强对堤基的保护。

（5）对于流速较大、冲刷较严重、迎流顶冲的堤岸，如采用抛石护岸，则应在抛石体上覆盖一层模袋混凝土，以保护抛石体的稳定有效。

3.6.7 防洪墙存在问题处理

防洪墙的加固措施应根据原有墙的结构型式、河道情况、航运要求、墙后道路、施工条件等进行"技术、生态、经济"三因素方案比较后确定。

（1）当防洪墙墙基渗径不足时，宜在临水侧加黏土水平铺盖或采用塑性混凝土等垂直截渗墙等加固措施。

（2）当防洪墙整体抗滑稳定不足时，可在墙的临水侧或背水侧增设齿墙或戗台，也可加修阻滑板或地墙基前沿加打钢筋混凝土桩或钢板桩。

（3）当防洪墙墙身断面强度不足时，应根据不同情况对墙体进行加固或采用钢筋混凝土结构重建。

（4）当防洪墙墙体及基础变形缝止水破坏失效时，应修复或重新设置止水措施。

3.6.8　堤防扩建有关问题

当现有堤防存在堤高不能满足防洪要求或其他防汛功能、市政功能等要求时,一般应进行扩建。堤防扩建工程方案和措施同样应进行"技术、生态、经济"三因素方案比选。

(1) 土堤及防洪墙加高方案应通过技术生态经济方案比较确定,并进行抗滑稳定、渗透稳定及断面强度验算,不能满足规范要求时,应结合加高进行加固。

(2) 需要特别注意的是,对于穿过或靠近城镇的堤防,原则上不应阻挡城市的视线,要满足人民群众亲近河流、亲近自然的需要。

(3) 土堤的加宽,根据地形地质条件、功能要求、稳定要求,并根据土堤所在河流的情况,经技术、生态、经济等方案比选确定。

(4) 堤防扩建时,对新老堤防的结合部位及穿堤建筑物与堤身连接的部位应进行专门设计,经核算不能满足要求时,应采取改建或加固措施。

土堤扩建所用的土料应与原堤身土料的特性相近,当土料特性差别较大时,应增设过渡层;扩建所用土料的填筑标准不应低于原堤身的填筑标准。

3.6.9　堤防加固智慧建设要点

堤防加固工程的管理设计,应在安全鉴定的基础上,全面分析原堤防管理设施的缺陷,根据工程规模和防洪任务,设置满足工程运用要求与现代化、信息化、智能化管理需要的管理设施;管理设施的建设,应与主体工程建设同步设计、同步施工、同步完成、同步投入使用。

除险加固堤防工程管理设施一般包括观测监测设施和通信、巡视与治安监控设施。

1. 观测监测设施

堤防工程观测项目一般包括堤身垂直位移、水位或潮位、堤身浸润线、堤基渗透压力、渗透流量及水质。表面观测主要包括裂缝、滑坡、坍塌、隆起、渗透变形及表面侵蚀破坏等。加固工程主要根据安全鉴定结论,根据技术先进、智能感知的原则,采用现代化智能设备进行重新建设或改造,选定的观测项目和观测点布设应能满足工程运行管理的主要工作状况。

对于堤防来说,最主要的观测项目是防洪水位、堤身浸润线和渗流观测。

(1) 堤防防洪水位的观测应按照自动化、智能化建设要求,充分利用移动通信、高清视频监控、物联网、智能感知等现代信息技术,做到自动监测水位、自主分析判断、自动预警,即当外江水位达到设定的报警水位时,能自动报警;并能进行行为侦测、人脸侦测和场景侦测。

(2) 堤防浸润线和渗流观测要充分利用现代通信、大数据、云计算、物联网、自动监测、智能感知等技术,按照信息化、智能化要求,采用全自动监测系统,实现对测压管水位或渗透流量数据的自动采集、自动传输、自动存储、自动分析判断、自动预警、自动打印报表和可视化管理。

2. 通信、巡视与治安监控设施

堤防工程的通信与网络设施建设应根据流域、地区和枢纽工程统一的通信网络规划进行，应确保满足堤防管理单位与防汛指挥部门、上级主管部门、各有关管理部门之间信息传输要求，并保证通信迅速、准确、可靠。

有条件的堤防可采用光纤通信，地方偏僻、交通不便、通信网络难于到达的地方，可采用移动通信（5G）等方式。

堤防工程由于线路较长、管理范围大，一般应结合智能水位监控装置，建设堤防的高清视频治安监控、远程巡视、移动 WiFi 等系统设施，使堤防管理同时具有智能监视水位、行为侦测、人脸侦测和场景侦测功能。

智能监测水位是指当达到设定的报警水位时，能自动报警。行为侦测是指对跨界入侵的行为进行自动检测，如翻越围墙、门岗、河流等，并可对进入区域和离开区域的行为分别布防，也可对区域入侵行为自动检测，并可对入侵区域的物体的占比进行自动识别，减少误报警，并将侦测到的行为联动报警和录像。人脸侦测是指能准确分析识别画面中所有人脸数量、位置、大小，同时通过智能跟踪技术，进行人脸跟踪，当检测到画面中的人脸时，可联动报警和录像。场景侦测是指当场景变更后能进行检测并联动警报，如堤防工程监控区域出现管涌、滑塌、跌窝等情况时，将引起场景变化，自动发出警报。

第 4 章　生态堤防建设主要技术

第 4 章至第 8 章，以飞来峡水利枢纽社岗防护堤（简称社岗堤）工程建设为例，论述生态智慧堤防建设的主要关键技术。

4.1　研究对象基本情况

4.1.1　枢纽及社岗堤概况

飞来峡水利枢纽位于广东省北江干流中游清远市飞来峡镇境内，是一宗以防洪为主，兼有航运、发电、水资源配置和改善生态环境等多种效益的 I 等大（1）型水利工程，是国务院批准的珠江流域防洪规划确定的国家重点防洪工程。飞来峡枢纽与北江大堤、潖江天然滞洪区、芦苞水闸、西南水闸，共同组成北江中下游防洪工程体系，利用飞来峡水库削峰滞洪、堤库联合调度，可将广州、佛山等珠江三角洲防洪标准从 100 年一遇提高至 300 年一遇。

飞来峡水利枢纽控制集水面积 34097km²，占北江流域面积的 73%，占北江大堤防洪控制站石角水文站集水面积的 88.8%，是调蓄北江洪水的关键工程。飞来峡枢纽为 I 等工程，主要建筑物级别为 1 级，大坝按 500 年一遇洪水标准设计，混凝土坝按 5000 年一遇洪水标准校核，土坝按 10000 年一遇洪水标准校核。枢纽运行最低水位 18.00m，正常水位 24.00m，相应库容 4.23 亿 m³，设计洪水位 31.17m，相应库容 14.45 亿 m³，校核洪水位 33.17m，水库总库容 19.04 亿 m³，其中防洪库容 13.36 亿 m³。

飞来峡水利枢纽主要建筑物由混凝土坝、主土坝、泄水闸、船闸、发电厂房、1～4 号副坝和社岗堤组成。混凝土坝为重力坝，最大坝高 52.3m；泄水闸共有 14 孔（单孔宽 14m×高 12.6m），设一孔 16m 宽排漂孔；主土坝最大坝高 25.8m，坝顶高程 34.80m；船闸（长 190m×宽 16m×门槛水深 3m）为单线一级 500t 级，年通船能力 475 万 t；发电厂为河床式，4 台装机总容量为 140MW，多年平均年发电量为 5.54 亿 kWh；副坝 4 座，为均质土坝；社岗堤为均质土堤，堤顶高程 29.20m，设计洪水标准为 100 年一遇。枢纽工程于 1994 年 10 月开工建设，1999 年 10 月全部建成并试运行。飞来峡水利枢纽在北江流域的位置示意如图 4-1 所示。

社岗堤是飞来峡水利枢纽工程不可分割的重要组成部分，位于枢纽工程上游左岸，其主要任务为拦蓄库水，抵御 100 年一遇洪水，4 级建筑物，堤顶全长 3610m，保护社岗防护区面积 41.4km²、人口 1.2 万人，捍卫京广铁路和银英公路等的安全。防护区内水通过排水渠汇社岗水、元岗水穿过 3 号副坝后，纳入片岗水再沿船闸下游引航道左至航道出口以外流入北江。

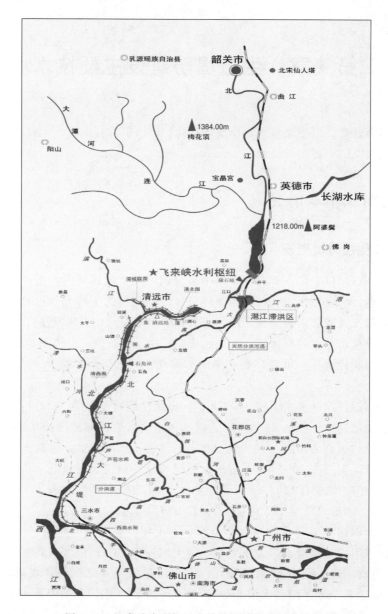

图 4-1　飞来峡水利枢纽在北江流域的位置示意图

　　枢纽工程建成后，上游社岗防护区的防护堤拦蓄库水，可抵御 100 年一遇洪水；排水渠汇社岗水、元岗水穿过 3 号副坝后，纳入片岗水再沿船闸下游引航道左至航道出口以外流入北江；各涵闸挡洪排涝使当地居民的生产、生活条件能维持现状并得到改善。

　　社岗堤运行过程中堤后发生管涌险情，并且存在堤基抗滑稳定隐患、堤后沼泽化严重，部分堤身沉降及渗漏严重，以及部分堤段抗滑稳定不满足规范要求的状况，社岗堤存在安全隐患，必须进行除险加固；同时也存在堤顶公路配套工程不够完善、堤头及周边环境不够美观等情况。通过除险加固工程，消除大堤安全隐患，整治改善坝顶公路周边环境。

　　2012 年 7 月 13 日晚，清远市银英公路扩建工程进行地质钻探，钻孔进入强透水层分布范围内且钻穿不透水黏性土层，因没有及时封孔，致使社岗堤横石木材厂附近堤段出现了管涌险情，管涌点距大堤约 60m，管涌直径约 30cm，冒高约 20cm，经紧急抢险，管涌险情得到控制，但隐患未能完全根治。

2013 年 3 月，受广东省飞来峡水利枢纽工程管理处委托，广东省水利电力勘测设计研究院完成《飞来峡水利枢纽社岗防护堤安全评价报告》，并于 2013 年 3 月提出《飞来峡水利枢纽社岗防护堤安全鉴定书》，社岗堤运行过程中堤后发生管涌险情，存在堤后沼泽化严重，部分堤身沉降及渗漏严重，部分堤段抗滑稳定不满足规范要求的状况，同时存在堤顶公路配套工程不完善、堤头及周边环境差等情况。

2013 年 4 月，广东省水利厅《关于飞来峡水利枢纽社岗防护堤安全评价成果的审定意见》（粤水建管〔2013〕22 号）审定同意飞来峡水利枢纽社岗防护堤评定为"三类堤（坝）"，工程存在结构安全、渗流安全等问题，须进行除险加固。

2013 年 8 月，经公开招标，中标单位中水珠江规划勘测设计有限公司完成《飞来峡水利枢纽社岗防护堤除险加固工程初步设计报告》。

2014 年 2 月，广东省发展改革委《关于审批飞来峡水利枢纽社岗堤除险加固工程初步设计的复函》（粤发农经〔2014〕430 号）批复同意对飞来峡水利枢纽社岗堤进行除险加固，主要建设内容为：对堤身和堤基进行防渗处理，加宽培厚堤身，加固堤后压台，改造堤顶路面等，工程级别为 4 级，设计洪水标准为 100 年一遇，工程概算总投资为 12223 万元。飞来峡社岗堤除险加固工程总平面布置如图 4-2 所示。

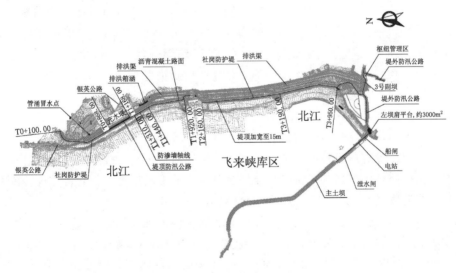

图 4-2　飞来峡社岗堤除险加固工程总平面布置图

4.1.2　社岗堤工程运行状况

社岗堤完工以来一直是防洪重点部位，也是防洪薄弱点之一。1999 年 4 月，飞来峡枢纽开始蓄水，在社岗防护堤 2+450 处的背水面压载平台的排水沟发现有多处渗漏冒水现象，其中有一处是集中渗漏。后经设计单位分析确认，集中渗漏点为初步设计阶段的地质钻孔，由于封堵不密实被承压水击穿。为掌握有关情况，将其改为观测孔，经测量，其压力水头达 5m，渗流量为 1.6L/s。承压水产生的原因是在升平镇以南的社岗堤约有500m 长的堤段，因施工时总指挥部决定把局部堤轴线向河床外移 120～150m，使堤身落在原牛轭形的古河槽内，原古河槽的含泥砾石层埋深超过 10m 厚的黏土层下，因此防护堤前采用了高压喷射防渗板墙防渗，墙后形成了封闭型的承压地下水。为降低承压水的压力，有序疏导从深层地基渗过来的渗漏水，确保社岗堤的安全，设计单位在桩号 2＋400～2＋800 间补充设计了一排减压井，减压井共 11 眼，减压井井距 30m，穿过 7～8m厚的含泥卵砾石透水层后，深入全风化岩 0.8m。井径为 450mm，顶部设置外径为1300mm 的观察井。减压井达到了降低承压水压力和有序疏导地基渗漏水目的。为防止减压井堵塞，维护人员定期对减压井进行压水清洗。

由于社岗堤 1＋215～1＋460 段背水面平台长期存在有渗漏水的情况，2006 年 2 月 7日至 3 月 8 日，对堤身进行充填灌浆，2006 年 12 月 15 日顺利通过验收。该堤段背水面平台渗漏水流的流量情况在灌浆施工过程前后未发现有明显变化，渗漏水流水质情况也保持稳定。2006 年 10 月 20 日开始，对 1＋215～1＋460 共 245m 段背水坡排水棱体及排渗暗沟进行开挖检查并采用新型盲沟材重新铺设排渗暗沟。处理后平台面及上游社岗防护区充水堰原来的冒水及积水现象完全消失，重新铺设的排渗暗沟排水效果良好，量水堰流量情况较为稳定，变化幅度较以前小，流量大小仍基本上与库水位呈正比的变化关系，库水位低时则流量减小，库水位上升则流量增大。

2011 年的监测显示，社岗堤局部发生不均匀沉降，最明显处是 3＋400～3＋600 段，沉降值达 5～39cm，桩号 3＋470 处沉降值最大，达 39cm。2011 年 11 月 15 日至 12 月 19日，对沉降进行堤顶加高处理，处理范围为 3＋120～3＋680 段，包括堤顶处理、防浪墙处理及排水沟处理三大部分，主要完成堤顶泥结石路面开挖、土方填筑、泥结石路面铺设，防浪墙沉降加高和堤顶排水沟加高等工作，此后防护堤运行正常。

2012 年 7 月 13 日晚，在社岗防护堤附近的横石木材厂附近堤段（桩号 0＋630）出现了管涌险情，管涌点距大堤约 60m，管涌直径约 30cm，冒高约 20cm，原因是银英公路扩建工程进行地质钻探时，钻孔正好进入强透水层分布范围内且钻穿不透水黏性土层，钻探完成后，钻探单位没有进行钻孔封堵所致。随后组织力量进行抢险，对管涌点进行了反滤围井压渗、沿公路坡脚线增加半圆形反压平台及开挖截渗沟填充碎石导渗处理等临时加固措施，尽管当时管涌险情已经排除，但安全隐患仍然存在。

2013 年 3 月，受管理单位广东省飞来峡水利枢纽管理处委托，广东省水利电力勘测设计研究院完成社岗堤安全评价。安全评价报告中对社岗堤综合评价如下：参照《水库大坝安全评价导则》（SL 258—2000），社岗堤工程的工程质量等级评为"合格"，运行管理评为"好"，防洪安全及抗震安全级别评为"A"级，结构安全级别评为"C"级，渗流安全级别评为"C"级，金属结构安全不做评价，故评定社岗堤工程为"三类堤（坝）"；建议尽快对防护堤结构及渗流安全问题进行处理，使得相应安全级别升为"A"级。

2013 年 4 月，广东省水利厅组织专家对社岗堤进行了安全鉴定。审定意见为：社岗堤工程质量等级为"合格"，运行管理为"好"，防洪标准、抗震安全等级为"A"，结构、渗流安全级别为"C"。依据《水库大坝安全评价导则》（SL 258—2000）和《广东省水利工程安全鉴定实施细则》，同意飞来峡水利枢纽社岗堤评定为"三类堤（坝）"。

4.1.3　社岗堤工程地质条件

1. 堤身填土质量分析评价

社岗堤堤身填土土料主要来源于附近山体的花岗岩风化土和坡积土，土质为含砂低液限黏性土和黏（粉）土质砂。根据土工试验，黏粒含量平均值为 25.7%，填筑土的干密度 $\rho_d = 1.51 \sim 1.83 \text{g/cm}^3$，平均值为 1.68g/cm^3，最大干密度平均值为 1.80g/cm^3，压实度为 84%～97.8%。根据标贯试验成果，填筑土多呈硬塑和中密—密实状。根据现场注水试验，花岗岩风化土填筑土渗透系数 $K = 1.0 \times 10^{-5} \sim 1.1 \times 10^{-3} \text{cm/s}$，平均值为 $1.0 \times 10^{-4} \text{cm/s}$，室内试验 K_{20}（最大值）$= 7.35 \times 10^{-6} \text{cm/s}$，表明堤体填土层为中等—弱透水性土。

堤身填土为全风化粗粒花岗岩，黏粒含量平均值为 25.7%，设计要求黏粒含量为 10%～30%，满足设计要求；压实度为 0.84～1.00。该堤防为 4 级建筑物，按规范要求压实度不应小于 0.90。此次通过取钻孔岩心扰动土样做击实试验取得最大干密度平均值（表 4-1），再根据最大干密度平均值及各原状土样干密度求得其压实度，试验计算的压实度个数共 11 个（表 4-2），其中大于 0.90 的有 8 个，占总数的 72.7%；小于 0.90 的有 3 个，占总数的 27.3%，主要位于桩号 1+336 及桩号 2+337 处，说明部分堤身填土密实度未达到规范要求。现场调查堤顶或堤坡未发现裂缝。但在桩号 2+540 和 2+410 处堤后底部见渗水，并伴有牛皮胀，但渗水流量较小，牛皮胀范围也较小，暂时不会对堤体稳定造成影响。堤前坡坡面干砌石护坡，后坡植草，并在堤前、后坡分设马道，在后坡设置砌石排水渠，对防止雨水冲刷、保证堤体稳定有较好的作用。根据试验结果及工程类比，社岗堤堤体填土物理力学参数的建议值见表 4-3。

表 4-1　　　　　　　　　堤身填土击实试验成果汇总表

土　层	编　号	取样深度/m	最大干密度 $\rho_{dmax}/(\text{g/cm}^3)$	最优含水率 $w_{opt}/\%$
①填土	ZK30	2.00～10.00	1.76	15.4
	ZK27	2.00～13.00	1.81	13.8
	ZK16	2.00～13.00	1.8	13.4
	ZK18	1.00～13.00	1.81	13.4
	ZK29	1.00～10.00	1.8	14.2
	ZK24	1.00～10.00	1.82	13.1
	计数		6	6
	最大值		1.82	15.40
	最小值		1.76	13.10
	平均值		1.80	13.88

表 4-2 堤身填土原状土土工试验成果及压实度汇总表

土 层	编 号	取样深度/m	天然含水率 $\omega/\%$	天然密度 $\rho/(g/cm^3)$	干密度 $\rho_d/(g/cm^3)$	压实度
①填土	ZK30-1	3.60~3.80	16.6	1.79	1.54	0.85
	ZK27-1	3.00~3.50	15.0	1.85	1.61	0.89
	ZK16-1	1.90~2.10	20.4	1.82	1.51	0.84
	ZK16-2	8.10~8.30	18.7	2.09	1.76	0.98
	ZK18-1	3.10~3.30	17.0	2.01	1.72	0.95
	ZK18-2	7.80~8.00	19.8	2.01	1.68	0.93
	ZK10-2	8.20~8.40	16.6	2.03	1.74	0.97
	ZK12-3	3.20~3.40	20.2	2.07	1.72	0.96
	ZK2-2	13.40~13.60	14.2	2.09	1.83	1.02
	ZK3-1	3.20~3.40	15.4	1.94	1.68	0.93
	ZK3-2	7.70~7.90	18.1	1.97	1.67	0.93

2. 堤基工程地质条件与评价

(1) 堤基工程地质条件。根据勘探深度范围内揭露的地层情况，并参照《堤防工程地质勘察规程》（SL 188—2005）堤基结构分类标准，堤基可分为三类：①单一结构（Ⅰ）：岩石单一结构（Ⅰ₁），堤基为全—弱风化花岗岩；②双层结构（Ⅱ）：堤基由两类土（岩）组成，根据土（岩）层不同分为两亚类，分别为上黏性土、下岩石（Ⅱ₁）及上黏性土、下粗粒土，下伏基岩（Ⅱ₂）；③多层结构（Ⅲ）：上黏性土、下粗粒土和淤泥质土，下伏基岩。

社岗堤Ⅰ类堤基工程地质条件为：该类堤基主要分布于桩号 0+000~0+200、桩号 1+440~1+520、桩号 3+000~3+190。地层为全—弱风化花岗岩。堤基地质结构基本属单一结构。分布长度占整段防护堤的比例为 10.8%。

社岗堤Ⅱ类堤基工程地质条件为：①Ⅱ₁类，该类堤基分布于桩号 0+200~0+230、桩号 1+130~1+310、桩号 1+520~2+380、桩号 3+760~3+950。地层自上而下为②-1 粉质黏土、⑤基岩或基岩风化土层，堤基地质结构属双层结构。分布长度占整段防护堤的比例为 31.9%。②Ⅱ₂类，该类堤基主要分布于桩号 0+230~1+130、桩号 2+380~3+000。堤基地质结构属双层结构。分布长度占整段防护堤的比例为 38.5%。

桩号 0+230~1+130，地层自上而下分别为②-1 层粉质黏土层、③冲积砂层、④含泥砂卵砾石层、下伏⑤层基岩或基岩风化土层，其中③冲积砂层连续分布，厚度 5~15m，顶板高程 0~12.20m，其中桩号 0+574（钻孔 ZK3）顶板高程最高，约 12.20m，厚度亦最大，达 15m；部分段存在④层含泥砂卵砾石层，厚度 2~3m。

表 4-3

社岗堤各岩土体建议值表

土层	天然含水率 w (%)	天然密度 ρ (g/cm³)	饱和密度 ρ_sat (g/cm³)	干密度 ρ_d (g/cm³)	比重 G_s	孔隙比 e	饱和度 S_r (%)	液限 w_L (%) (17mm)	塑限 I_p (%)	塑性指数 I_L (%)	固结试验(饱和状态) 压缩系数 a_v (1/MPa)	压缩模量 E_s (MPa)	直接剪切试验 饱和快剪 黏聚力 c_Q (kPa)	饱和快剪 摩擦角 φ_Q (°)	慢剪 黏聚力 c_s (kPa)	慢剪 摩擦角 φ_s (°)	固结快剪 黏聚力 c_{CQ} (kPa)	固结快剪 摩擦角 φ_{CQ} (°)	三轴压缩试验(不固结不排水) 黏聚力 c_u (kPa)	摩擦角 φ_u (°)	三轴压缩试验(固结不排水) 总抗剪强度参数 黏聚力 c_{cu} (kPa)	摩擦角 φ_{cu} (°)	有效抗剪强度参数 黏聚力 c' (kPa)	摩擦角 φ' (°)	渗透系数 K_{20} (cm/s)
① 堤身填土	17.4	1.98	2.05	1.68	2.64	0.571	81.3	34.9	20.1	14.9	0.397	4.400	12.6	19.9											1.05×10^{-4}
②-1 粉质黏土	26.7	1.96	1.97	1.55	2.65	0.713	98.8	39.1	21.6	16.1	0.340	5.240	11.6	11.2	11.0	21.7									1.22×10^{-4}
②-2 淤泥质黏土	33.0	1.86	1.87	1.40	2.64	0.897	96.8	45.3	25.5	19.9	0.46	4.48	9.9	4.8	9.3	18.9	17.9	15.7	36.5	4.8	31.0	19.5	26.5	24.7	6.45×10^{-8}
②-1花斑黏土	26.7	1.96	1.97	1.55	2.65	0.713	98.8	39.1	21.6	16.1	0.340	5.240	11.6	11.2	11.0	21.7									1.22×10^{-4}
⑤-1 全风化	20.8	1.86			2.7	0.766	76	38.9	26.4	12.6	0.492	4.76	4	18.29			67	14.8							4.75×10^{-5}

注　1. 渗透系数建议值取自现场注水试验。
　2. 此次勘察采取样过程中，对②-2淤泥质黏土所取样品多为较软弱部分，室内土工试验指标可能偏低。对此层饱和快剪建议值取平均值。

桩号 2+380～3+000，地层自上而下分别为②-1 层粉质黏土层、④含泥砂卵砾石层、下伏⑤层基岩或基岩风化土层，其中④含泥砂卵砾石层连续分布，厚度 4～11m，顶板埋深 20～24m。

社岗堤Ⅲ类堤基工程地质条件为：该类堤基主要分布于桩号 1+310～1+440、桩号 3+190～3+300、桩号 3+300～3+480、桩号 3+480～3+760。堤基地质结构属多层结构。分布长度占整段防护堤的比例为 18.8%。

桩号 1+310～1+440，地层自上而下分别为②-1 层粉质黏土层、②-2 淤泥质黏土、③冲积砂层及下伏⑤层基岩或基岩风化土层，其中②-2 淤泥质黏土厚约 4.5m，顶板埋深约 23.5m，③冲积砂层以含泥冲粗砂为主，厚约 4.2m，顶板埋深约 28.0m。

桩号 3+190～3+300，地层自上而下分别为②-1 层粉质黏土层、②-2 淤泥质黏土、⑤层基岩或基岩风化土层，其中②-2 淤泥质黏土厚约 11.9m，顶板埋深约 14.5m，此层下部 6.6m 含较多腐木，干密度小，孔隙比较大。

桩号 3+300～3+480，地层自上而下分别为②-1 层粉质黏土层、②-2 淤泥质黏土、③冲积砂层、下伏⑤层基岩或基岩风化土层，其中②-2 淤泥质黏土厚约 1.8m，顶板埋深约 23.2m；③冲积砂层为含泥中细砂，厚约 4.4m，顶板埋深约 25.0m。

桩号 3+480～3+760，地层自上而下分别为②-1 层粉质黏土层、②-2 淤泥质黏土、②-3 层花斑黏土层及下伏⑤层基岩或基岩风化土层，其中②-2 淤泥质黏土厚 3.4～4.5m，顶板埋深 19.6～22.5m。

堤基地质结构分类综合见表 4-4。

表 4-4   堤基地质结构分类综合表

堤基分类	地质结构特征	亚类	分布范围	所占比例/%
单一结构（Ⅰ）	岩石单一结构	全—弱风化花岗岩（Ⅰ₁）	桩号 0+000～0+200、桩号 1+440～1+520、桩号 3+000～3+190	10.8
双层结构（Ⅱ）	堤基由两类土（岩）组成	上黏性土、下岩石（Ⅱ₁）	桩号 0+200～0+230、桩号 1+130～1+310、桩号 1+520～2+380、桩号 3+760～3+950	31.9
		上黏性土、下粗粒土，下伏基岩（Ⅱ₂）	桩号 0+230～1+130、桩号 2+380～3+000	38.5
多层结构（Ⅲ）	堤基由两类或两类以上土（岩）组成，呈互层或夹层、透镜体状等的复杂结构	堤基表层为粗粒土（Ⅲ₁）	桩号 1+310～1+440、桩号 3+190～3+300、桩号 3+300～3+480、桩号 3+480～3+760	18.8

（2）堤基工程地质评价。

1）社岗堤Ⅰ类堤基工程地质评价。该类堤基堤基土主要为⑤层基岩及其风化土层，土层（岩层）承载力好，满足堤基承载力要求，渗透系数小，不存在堤基渗漏问题。该段堤防运行过程中无险情发生，堤基工程地质条件分类属 A 类。

2）社岗堤Ⅱ类堤基工程地质评价。Ⅱ₁类：该类堤基堤基土为②-1层粉质黏土，下部为⑤层基岩及其风化土，堤基承载力较好，满足堤基承载力要求，基本不存在不均匀沉降、抗滑稳定问题，不存在堤基渗漏问题。该段堤防运行期间未发现有险情，工程地质条件较好。堤基工程地质条件分类属 B 类。

Ⅱ₂类：该类堤基堤基土自上而下分别为②-1层粉质黏土层、③层冲积砂层、④层含泥砂卵砾石层、下伏⑤层基岩或基岩风化土层，其中②-1层粉质黏土及下部⑤基岩或基岩风化土层，渗透系数小，承载力可满足堤基承载力要求。③层冲积砂层及④层含泥砂卵砾石层承载力较好，承载力可满足堤基承载力要求，但渗透系数较大，为中等透水层。

运行期间桩号 0+230～1+350 一带堤后田地基本上沼泽化，原有农田已变成水田，说明堤基渗透较严重，导致蓄水后堤后地下水位抬高。

2012 年 7 月 13 日，在社岗堤横石木材厂附近堤段（桩号 0+630）出现了管涌险情，原因是银英公路扩建工程进行地质钻探，钻孔正好进入③层强透水层分布范围内且钻穿不透水黏性土层，钻探完成后没有进行钻孔封堵所致。随后对管涌点采取了反滤围井压渗、沿公路坡脚线增加半圆形反压平台及开挖截渗沟填充碎石导渗处理等临时加固措施，虽然管涌险情已经排除，但是此处堤后③层强透水层中承压水依然存在，一旦上部盖层被揭穿，依然可能产生管涌等渗漏险情。

水库蓄水运行的过程中，在社岗堤桩号 2+450 处的背水面压载平台的排水沟发现有多处渗漏冒水现象，形成原因是堤后存在封闭型的承压地下水。为降低承压水的压力，有序疏导从深层地基过来的渗漏水，确保社岗堤的安全，设计单位在桩号 2+400～2+800 间补充设计了一排减压井，对降低承压水压力和有序疏导地基渗漏水起到了一定作用。但此阶段勘察期间于桩号 2+500 堤后，距堤轴线约 75m 处钻孔钻进过程中，打穿上部盖层（厚度12.2m）后孔口依然出现冒水现象，流量约 0.7L/s，说明此段堤后承压水依然存在。

施工期间曾对桩号 2+380～3+000 段下部④层含泥砂卵砾石层采用高喷防渗板墙进行截渗处理，其顶板进入黏土层 4m 和底板进入花岗岩风化土层 4m，两段上下游施工至没有透水层止位，此次勘察注水试验结果显示此段下部④层含泥砂卵砾石层渗透系数依然较大，为中等透水层。

综上所述，Ⅱ₂类堤基（桩号 0+230～1+130、桩号 2+380～3+000）堤基土中存在强透水层③冲积砂层、④层含泥砂卵砾石，堤基渗漏问题较突出，堤基工程地质条件分类属 C 类。建议对堤基中强透水层进行防渗、截渗处理。

社岗堤Ⅲ类堤基工程地质评价：该类堤基主要分布于桩号 1+310～1+440、桩号 3+190～3+300、桩号 3+300～3+480、桩号 3+480～3+760。地层自上而下分别为②-1层粉质黏土，②-2淤泥质黏土，②-3 花斑黏土或③、④粗粒土层，下伏为⑤基岩或基岩风化土层。

其中②-1层粉质黏土及下部⑤层残破积层、⑤基岩或基岩风化土层渗透系数小，承载力可满足堤基承载力要求；②-2淤泥质黏土层工程性状较差，承载力较差，抗剪强度低，存在不均匀沉降及堤基抗滑稳定问题；③层中冲积砂层及④层含泥砂卵砾石层承载力较好，承载力可满足堤基承载力要求，渗透系数大，均为中等透水层，存在堤基渗漏问题。

桩号 1+310～1+440，堤基土中存在厚度约 4.5m 的②-2 淤泥质黏土及厚度约 4.2m 的③冲积砂层，因此此段存在堤基渗漏、不均匀沉降及抗滑稳定问题等多重工程地质问题，堤基工程地质条件分类属 D 类。

桩号 3+190～3+300 堤基土中存在厚约 11.9m 的②-2 淤泥质黏土，此段②-2 层下部 6.6m 中含较多腐木，干密度小，孔隙比较大。由于此层软土影响，防护堤运行过程中此段堤顶已出现不均匀沉降，因此此段堤基存在不均匀沉降及抗滑稳定问题，堤基工程地质条件分类属 C 类。

桩号 3+300～3+480 堤基土中存在厚约 1.8m 的②-2 淤泥质黏土及厚度约 4.4m 的③冲积砂层，因此此段堤基可能存在堤基渗漏、不均匀沉降及抗滑稳定问题等多重工程地质问题，堤基工程地质条件分类属 D 类。

桩号 3+480～3+760 堤基土中存在厚 3.4～4.5m 的②-2 淤泥质黏土，由于此层软土影响，防护堤运行过程中此段堤顶已出现不均匀沉降，最大沉降量达 39cm，因此此段堤基可能存在不均匀沉降及抗滑稳定问题，另外此段中局部存在较薄含泥中细砂透镜体，因其埋深较大且分布范围较小，对堤基渗透影响不大，综上所述，堤基工程地质条件分类属 C 类。

4.1.4 社岗堤地质问题评价

1. 抗滑稳定评价

社岗堤堤基土主要有②-1 粉质黏土层、③冲积砂层、④含泥砂卵砾石层、⑤基岩及风化土层。

其中Ⅰ₁、Ⅱ₁、Ⅱ₂类堤段堤基主要置于②-1 层粉质黏土之上，以下为③层冲积砂层、④层含泥砂卵砾石层、⑤基岩及风化土层。②-1 层为可塑状粉质黏土，压缩性中等，抗剪强度较高，因此，②-1 层承载力可以满足土堤要求，以下无软土层分布。从防护堤建成多年运行情况看，没发现因堤基承载力不足引起的沉降、沉陷等不良地质现象，稳定性较好。

Ⅲ₁类堤段堤基亦置于②-1 层粉质黏土层之上，以下存在②-2 淤泥质黏土层，孔隙比大，压缩性高，抗剪强度低，地基承载力低，目前桩号 3+200～3+310 及桩号 3+420～3+700 处堤顶出现的不均匀沉降正是此层②-2 淤泥质黏土层引起的。因此，堤顶加宽培厚以后，荷载增加，有可能会引起不均匀沉降及堤基抗滑稳定问题。

堤段堤基地质结构分类为Ⅰ₁、Ⅱ₁、Ⅱ₂堤段堤基表层为②-1 层，工程特性较好，因此上述堤段堤基抗滑稳定问题不突出；堤段堤基地质结构分类为Ⅲ₁堤段堤基中存在②-2 软土层，该层含水量高，压缩性高，抗剪强度小，分布厚度大，可能产生抗滑稳定问题。建议增加堤脚压重平台。

2. 渗透稳定问题评价

（1）堤身渗漏与渗透稳定评价。堤体填土土料主要来源于附近山体的花岗岩风化土和坡积土，土质为含砂低液限黏性土和黏（粉）土质砂。根据土工试验，黏粒含量平均值为 25.7%，根据标贯试验成果，填筑土多呈硬塑和中密—密实状。

根据现场注水试验，花岗岩风化土填筑土渗透系数 $K=1.0\times10^{-5}\sim1.1\times10^{-3}$ cm/s，

平均值为 1.0×10^{-4} cm/s，室内试验 K_{20}（最大值）$= 7.35 \times 10^{-6}$ cm/s。根据钻孔注水试验，渗透系数 $K = 1.0 \times 10^{-5} \sim 1.1 \times 10^{-3}$ cm/s，平均值为 1.1×10^{-4} cm/s，表明堤身填土层基本为弱—中等透水层，具有一定透水性。根据各组土样颗分试验的平均值的粒径分布曲线，坝体填土的平均细粒含量 $P_c = 50.0\%$，易发生的渗透破坏类型为流土型，临界水力比降 $J_{cr} = (G_s - 1) \times (1 - n)$，计算得出临界水力比降 $J_{cr} = 1.04$，安全系数取 2.0，允许水力比降 $[J] = 0.52$。

（2）堤基渗漏与渗透稳定评价。此次堤基地质结构分类中，I_1、II_1 类堤段地基土均为弱—中等透水黏性土，对堤基渗漏基本无影响；II_2 堤段及 III 类部分堤段，地基土中存在③砂层、④含泥砂卵砾石层，为中等透水性层，部分段埋藏较浅，连通性好，堤外水库水位较高，水压力易透过③层、④层传递至堤内，引起渗漏及渗透稳定问题。

在 III 类堤基下的③砂层、④含泥砂卵砾石层为强透水层，上覆弱透水层②粉质黏土及下伏弱透水层⑤残坡积或⑤全风化层，其中②层成为③层、④层的隔水顶板，二者构成浅层孔隙性承压水流系统，为多层堤基。一旦堤后黏性土盖层被击穿，会引起渗漏及渗透稳定，或因黏性土缺失就会形成承压水集中渗流出口，产生砂沸。

对该防护堤堤基而言，若按设计规范计算，100 年一遇设计洪水位为 28.70m，堤外挡水高度 $H_d = 18 \sim 19$m，堤后地面高程 15.00～19.00m，社岗排洪渠沟底沿线高程 11.90～12.10m，外江水位高出堤内地面高程 12.00～16.00m，相对排水渠沟底高出约 19m。按工程经验，当堤后黏性土厚度 $t \geqslant 0.5 H_d$ 时，一般不存在堤基渗透稳定问题。根据钻探及物探成果，社岗堤堤后上覆黏性土盖层厚度 t 一般为 2.5～12.2m。$t \leqslant 0.5 H_d$，部分堤后存在渗透稳定问题。

②黏性土层易发生的渗透破坏类型为流土型，临界水力比降 $J_{cr} = (G_s - 1) \times (1 - n)$，计算得出临界水力比降 $J_{cr} = 0.99$，安全系数取 2.0，允许水力比降 $[J] = 0.49$。

根据砂样颗分试验，③砂层为不均匀系数大于 5 的砂土，细粒土含量 $P_c < 25\%$，按规范计算及工程经验，其破坏型式属管涌型，根据无黏性土允许水力比降经验值，建议 $[J] = 0.10 \sim 0.20$。

④含泥砂卵砾石细粒土含量 $P_c < 25\%$，按规范计算及工程经验，其破坏型式属管涌型，根据无黏性土允许水力比降经验值，建议 $[J] = 0.10 \sim 0.20$。建议采用各种防渗或堤后压渗处理方案。

3. 堤外岸坡稳定评价

飞来峡水利枢纽水库正常蓄水位 24.00m，100 年一遇设计洪水位采用静库调洪为 28.65m，汛期运行最低水位 18.00m。库内水体基本为静水体，对库岸冲刷作用较小，仅当洪水遇到大风时，可能会产生波浪，拍击堤坡，对岸坡具有一定冲刷作用，库水位高程变化基本处于堤身填土范围内，堤身填土为花岗岩风化土，密实度较大，压实度较好，且防护堤迎水面边坡为 1:2.75，有干砌石护坡，岸坡抗冲刷能力较强，防护堤运行过程中，此部位无险情发生，岸坡基本稳定。

综上所述，社岗堤堤身填土层为中等—弱透水性土，具有一定透水性，需进行防渗处理；堤基存在渗漏及渗透稳定问题，地质情况复杂，89.2% 堤长的堤基存在双层和多层结构，需采取防渗、截渗措施进行处理；而岸坡基本稳定，无须进行加固。

4.2 生态堤防工程建设概述

生态智慧堤防是生态堤防和智慧堤防有机结合的统一体，生态智慧堤防建设包括生态堤防与智慧堤防两个方面。本节主要结合飞来峡水利枢纽社岗堤工程建设，研究生态堤防建设主要技术。

根据工程地质报告，社岗堤堤身填土为全风化粗粒花岗岩；堤防地基是粉质黏土、淤泥质黏土、冲积砂层、含泥砂卵砾石层、基岩风化土层等组成的双层、多层结构。社岗防护堤主要存在的问题是：运行过程中堤后发生管涌险情，并且存在防护堤堤基抗滑稳定隐患，堤后沼泽化严重，部分堤身沉降及渗漏严重，以及部分堤段抗滑稳定不满足规范要求的状况；同时也存在堤防安全监测设施陈旧、视频监控系统缺失、堤顶防汛公路配套工程不够完善、堤头及周边环境较差等问题。因此，应通过除险加固工程，消除大堤安全隐患、完善堤防现代化管理设施、整治改善坝顶公路及周边环境等。

基于社岗堤除险加固工程的实际情况，根据习近平生态文明思想和党的十八大、十九大生态文明建设要求，按照水利部关于加快推进水生态文明、生态水利工程和水利现代化的指导意见，该工程项目法人与设计、监理等参建单位密切配合，从社岗堤加固工程立项开始就确立了建设生态智慧堤防的建设理念，坚持尊重自然、保护自然、顺应自然，坚持人与自然和谐共生，树立和践行绿水青山就是金山银山的理念，坚持节约资源和保护环境的基本国策，因地制宜提出并实施了"安全可靠、生态优先、系统设计、整体生态、以人为本、文化融合、智能感知、智慧管理"等一系列新理念、新方法、新技术、新工艺，全力打造理念创新、方法创新、内容创新的生态智慧堤防。

社岗堤生态堤防建设贯彻"安全可靠、生态优先、系统设计、整体生态、以人为本、文化融合、智能感知、智慧管理"的原则。社岗堤生态堤防建设主要技术包括：①率先提出了生态智慧堤防的建设理念；②采用了基于生态定量化的三因素比选新方法，主体工程选择采用了塑性混凝土防渗加固建设方案；③该工程专门研究试验设计了新型塑性混凝土防渗墙配合比；④结合工程实际，优化了塑性混凝土防渗墙结构设计；⑤研制了塑性混凝土防渗墙施工接头新技术，并获得省级工法证书；⑥采用多专业联动弃渣资源化技术，应用了系统化绿色节能与环保技术；⑦因地制宜应用生态绿化与水文化融合技术；⑧突破传统，首次对堤防工程生态效益进行了定量分析计算。

4.3 选择建设方案

堤防建设方案首先必须明确目标，对于除险加固的堤防工程，更应该理清建设思路，做到有的放矢，对症下药。本节结合广东省飞来峡水利枢纽社岗堤工程实际，说明如何寻找正确的加固方案以及方案选择和方法思路的形成过程。

4.3.1 基本思路

社岗堤大部分堤基为双层或多层堤基，强透水层在堤后的封闭产出，导致双层堤基堤后大面积处在与库水位相当的承压水头作用之下，在强透水层分布范围内，堤后上覆黏性土盖层的完好性（完整并保持强度）成为堤基稳定的唯一保障。一旦上覆黏性土层遭受人为破坏，容易产生集中冒水（管涌）。

防护堤堤后地面高程为 15.00～19.00m，低于飞来峡水库正常蓄水位 24.00m，堤防长期处于挡水的状态，浸润线偏高导致堤身填土及堤基长期处于饱和状态，物理力学指标下降，影响到堤防的抗滑稳定安全。

根据上述情况及堤防坝坡稳定的复核结果，堤防的主要问题是：堤下存在双层或多层地基，导致堤后出现沼泽化、管涌等情况，同时堤防长期挡水，堤身、堤基物理力学指标下降，影响到堤防的抗滑稳定。对以上问题最有效的工程方法是对堤身及堤基进行垂直截渗，切断砂卵石透水层，降低堤身浸润线。

4.3.2　选择方法

党的十八大提出了"五位一体"的总体布局，将生态文明建设作为国家战略，水利部出台了水利工程生态文明建设的指导意见，对在水利工程、堤防工程建设中如何贯彻生态文明建设提供了指引。如何才能够在社岗堤除险加固工程建设过程中贯彻生态优先的建设理念，实现整体生态，建设生态堤防。要实现这个目标，不仅仅只采取传统的水土保持、绿化工程、环境保护等技术手段和措施，必须从工程总体设计与建设方案入手，采用整体观念和系统观念，打破传统设计惯例。传统的水利水电工程设计过程中，特别是在可行性研究阶段和初步设计阶段，从工程选址、工程总体布置、建筑材料选择、主要建筑物选型、技术方案选择、施工组织设计、机械和设备选型，到土石料场、弃渣场选择、水土保持措施、征地移民、环境保护等方面，在方案比选时，一般只进行技术、经济方面的比较，基本上没有从生态方面进行比较选择。有些项目也可能对各个备选方案进行生态方面的定性描述，但几乎没有进行定量的生态比选。

社岗堤工程从建设项目立项开始就提出了建设生态智慧堤防的设计建设理念，堤防建设整体上要达到生态要求，实现生态堤防的建设目的。因此必须从主体工程加固方案比选入手，首先是技术方案必须达到生态要求，这就要求不但要进行技术适应性与造价经济方面的比较，而且还必须同时进行生态方面的定量比较，建立基于生态定量评估的"技术、生态、经济"三因素比选设计新方法，按照生态优先原则，采用技术可靠、节能环保、绿色生态、经济合理的技术方案和措施，并且在建筑材料的选择、设备选用、弃渣利用、水土保持生态绿化等方面全方位按照节能生态、绿色环保的要求进行方案选择，确保堤防工程实现绿色生态、可持续发展。

4.4　防渗方案比较与选择

4.4.1　工程存在问题分析

社岗堤主要存在的问题是：运行过程中堤后发生管涌险情，并且存在特殊工况下堤防堤基抗滑稳定隐患、不满足规范要求，特别是堤防填土料较差，存在堤后沼泽化、渗漏严

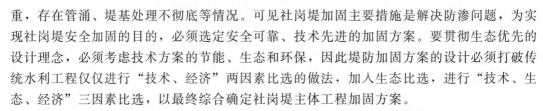

重，存在管涌、堤基处理不彻底等情况。可见社岗堤加固主要措施是解决防渗问题，为实现社岗堤安全加固的目的，必须选定安全可靠、技术先进的加固方案。要贯彻生态优先的设计理念，必须考虑技术方案的节能、生态和环保，因此堤防加固方案的设计必须打破传统水利工程仅仅进行"技术、经济"两因素比选的做法，加入生态比选，进行"技术、生态、经济"三因素比选，以最终综合确定社岗堤主体工程加固方案。

根据社岗堤工程地质报告，社岗堤的堤身填土为含砂低液限黏性土和黏（粉）土质砂性土，渗透系数 $K=1.0\times10^{-5}\sim1.1\times10^{-3}$ cm/s，表明堤体填土层为中等—弱透水性土。地质报告显示，社岗堤堤基存在以下三类地质条件：

（1）Ⅰ类堤基地层为全—弱风化花岗岩，基本属单一结构，长度占全堤的10.8%。

（2）Ⅱ类堤基属双层结构，分布长度占整段防护堤的70.4%，地层自上而下为粉质黏土、冲积砂层、含泥砂卵砾石层、基岩或基岩风化土层；冲积砂层连续分布，厚度5～15m，部分段存在含泥砂卵砾石层，厚度2～11m。

（3）Ⅲ类堤基属多层结构，长度占全堤的18.8%，地层自上而下分别为粉质黏土层、淤泥质黏土（花斑黏土）层、冲积砂层及下伏基岩或基岩风化土层；其中淤泥质黏土厚1.8～11.9m，冲积砂层厚4.2～4.4m。

4.4.2 防渗可选方案及其适应性

根据大量的工程经验和各种防渗的技术特点，解决堤防垂直防渗的技术方法主要有劈裂灌浆、高压喷射（包括定喷、摆喷和旋喷）灌浆、塑性混凝土防渗墙、普通混凝土防渗墙等多种。

1. 劈裂灌浆

劈裂灌浆是利用水力劈裂原理，对存在隐患或质量不良的土坝、土质堤防在坝（堤）轴线上钻孔、加压灌注泥浆形成新的防渗墙体的加固方法，堤坝体沿坝（堤）轴线劈裂灌浆后，在泥浆自重和浆、堤坝互压的作用下，固结而成为与堤坝体牢固结合的防渗墙体，堵截渗漏。与劈裂缝贯通的原有裂隙及孔洞在灌浆中得到填充，可提高堤坝体的整体性。通过浆、堤坝互压和干松土体的湿陷作用，部分坝体得到压密，可改善坝体的应力状态，提高其变形稳定性。既可应用于渗透性较好的砂层，又可应用于渗透性差的黏性土层。

劈裂灌浆具有如下特点：①技术成熟，施工工期短；②造价较低，经济效益好；③在形成垂直连续防渗帷幕的同时，能充填各种裂缝、孔隙和洞穴灌浆；④施工中控制参数较多，有灌浆压力、泥浆配比、孔距排距、复灌间隔和复灌次数等，这些参数多数依靠现场试验在经验范围内选取；⑤主要对堤坝体的渗漏效果较好，对堤坝基基础的渗漏难以解决；⑥对土坝（堤）应力和变形调整的作用机理不完全清楚。

基于劈裂灌浆的原理，一般只在下列情况下才考虑采用劈裂灌浆：①松堆土坝（堤）；②堤坝体浸润线过高；③土坝（堤）体外部、内部有裂缝或大面积的弱应力区；④分期施工土坝的分层和接头处有软弱带和透水层；⑤土坝（堤）内有较多生物洞穴等。

2. 高压喷射灌浆

高压喷射灌浆技术是通过在地层中的钻孔内下入喷射管，用高速射流（水、浆液或空气）直接冲击、切割、破坏、剥蚀原土层材料，受到破坏、扰动的土石料与同时灌注的水泥浆或其他浆液发生充分的掺搅混合、充填挤压、移动包裹，至凝结硬化，从而构成坚固的凝结体，成为结构较密实、强度较高、有足够防渗性能的构筑物，以满足工程需要的一种措施。其基本原理是利用高压射流冲切掺搅地层，改变原地层的结构和组成，同时灌入水泥浆或混合浆液形成凝结体，借以达到加固地基和防渗的目的。高压喷射灌浆主要适用于处理淤泥质土、粉质黏土、粉土、砂土、砾石和卵碎石土等松散体。当土中含有较多的大粒径石块、大量植物根茎或有较高的有机质时，以及地下水流速过大和已涌水的工程，应根据现场试验结果确定其适用性。

高压喷射灌浆法的注浆形式分定喷注浆、摆喷注浆和旋喷注浆 3 种。高压定喷灌浆主要适用于粉土、砂土粒径不大于 20mm 的松散地层；高压摆喷灌浆适用于粒径不大于 60mm 的松散地层，大角度摆喷适用于粒径不大于 100mm 的松散地层；高压旋喷灌浆适用于砂砾土、卵砾石地层及基岩残坡积层。

高压旋喷灌浆的主要特点是：①可灌性好，只要高压射流能破坏的地层如细砂、砂砾石等均可处理；②连接可靠，高压旋喷灌浆板墙自身与周边建筑物的连接可靠；③对施工技术要求较高，施工质量不易控制，而且高压旋喷灌浆防渗可靠性、耐久性不如混凝土防渗墙，高压旋喷灌浆的防渗墙渗透系数为 $10^{-5} \sim 10^{-7}$cm/s，允许渗透比降值为 60。

3. 塑性混凝土防渗墙

塑性混凝土（plastic concrete）是指由水、水泥、膨润土或黏土、粗骨料、细骨料及外加剂配制而成，水泥用量较少，具有较好防渗性能、较低弹性模量、较低弹强比和较大极限变形的混凝土。国际上认为塑性混凝土的特性主要有：①水泥用量较低，一般不超过 200kg/m³；②弹性模量为地基弹性模量的 1～5 倍，一般小于 2000MPa，极限变形可达 1%～5%；③其 28d 抗压强度一般为 1～5MPa，模强比一般为 150～500MPa；④渗透系数变化范围一般在 $10^{-6} \sim 10^{-8}$cm/s；⑤渗透破坏坡降可达 200～300。

塑性混凝土防渗墙通常是使用机械在地基中挖槽，在挖槽过程中使用泥浆护壁，以防止地层坍塌，然后通过导管在槽孔泥浆下浇筑混凝土，形成地下防渗结构物。塑性混凝土不同于工程中常用的普通混凝土，塑性混凝土在组分上比刚性混凝土增加了黏土或膨润土、粉煤灰等成分。由于塑性混凝土材料组成和配合比的改变，使得它具有极为优越的特性和经济性。塑性混凝土的特性及优越性主要有：①具有很好的力学特性，较低的弹性模量和模强比且可人为控制，其初始弹性模量不随围压的加大而增大；②适应变形的能力强，极限应变较大，比刚性混凝土大数倍至十几倍，并且具有与土料相似的应力应变关系和破坏形式；③塑性混凝土的强度在三向受力条件下有很大提高，且强度增长系数大；④具有良好的抗震、抗渗和耐久性，实践证明塑性混凝土的抗震性能大大优于刚性混凝土，塑性混凝土的渗透系数随着龄期延长而变小，随运行时间增长其安全性增大；⑤具有很好的和易性，有较长的终凝时间和较低的强度，具备较好施工并易于操作的优点；⑥具有较好的经济性，其配合比中掺入了适当的黏性土或膨润土等，大幅减少了水泥用量，增加了抗渗性能，降低了造价。但塑性混凝土强度、弹性模量、模强比、渗透系数、和易性等不易协调，需要专门试验检测其合适的配合比。

塑性混凝土防渗墙广泛应用于堤坝防渗加固，其主要特点有：①施工简便、工效高，塑性混凝土防渗墙仅仅在材料配合比方面与刚性混凝土防渗墙不同，其整个施工工艺与刚性混凝土防渗墙基本相同，不需要增加新设备；②适用性广，深可达 100m 左右，主要是用于中低水头防渗，适用于各种地质条件，如砂土、砂壤土、粉土、砂卵（砾）石土层等；③安全、经济、可靠、耐久，防渗墙渗透系数一般可达到 $10^{-6}\sim10^{-8}$ cm/s，允许渗透比降值达 $60\sim100$；④与高喷灌浆比，施工速度相对较慢，塑性混凝土防渗墙施工需要较大的施工平台。在堤轴线上游建造塑性混凝土防渗墙，形成可靠的防渗体，能较为彻底地解决堤防的渗漏问题，由于堤防变形已基本完成，塑性混凝土防渗墙可与原堤身有机地结合在一起从而形成一个防渗整体。

4. 普通混凝土防渗墙

普通混凝土防渗墙的施工工艺与塑性混凝土防渗墙基本相同，主要区别是混凝土中不添加膨润土、黏土等材料，只按普通混凝土（有时也添加粉煤灰等）配合比设计，具有承受水头大、防渗性能可靠、适合各种地层地基防渗等优点，但水泥用量大，造价高，适应变形能力低。普通混凝土防渗墙抗压强度高，一般为 $15\sim35$MPa，远远大于塑性混凝土防渗墙（不大于 5MPa）的抗压强度，弹性模量大于 2000MPa（可达 31500MPa），渗透系数不大于 4.19×10^{-9} cm/s，因而也称为刚性混凝土防渗墙。以下列出堤防各种防渗方案的特点和适应性分析比较（见表 4-5）。

表 4-5　　　　　　　　　多种防渗方案的特点和适应性分析比较

防渗	主要特点及适应性
劈裂灌浆	工期短，造价低，能填充孔隙、洞，对坝体防渗有效，但施工控制参数多；对堤坝基础的渗漏难以解决，耐久性较差。主要适用于土（堤）坝坝体渗漏。有利于地下水补给与平衡，生态性较好
高压定喷灌浆	工效较高，水泥用量少，造价较低，但相邻孔容易错开，成墙有漏洞，防渗效果不容易控制。适用于粉土、砂土粒径不大于 20mm 的松散地层或坝体内防渗工程。地下水平衡与补给比劈裂灌浆差
高压摆喷灌浆	工效较高，施工速度较快，质量较高压定喷灌浆好；成墙可能开叉，影响防渗效果。适用于粒径不大于 60mm 的松散地层，大角度摆喷适用粒径不大于 100mm 的松散地层或坝体内防渗工程。地下水平衡与补给比劈裂灌浆差
高压旋喷灌浆	可灌性好，连接可靠，防渗效果较好，但对施工技术要求较高，质量不易控制，质量检测较困难。适用于粉土、砂土、砂砾、残坡积层土、砂卵砾石地层及基岩等。生态性较差
塑性混凝土防渗墙	适用性广，深可达 100m 左右；安全、可靠；极限应变较大，防渗效果好，质量检测方便。但施工速度相对高喷较慢。适用于各种地质条件，如砂土、砂壤土、粉土以及砂卵（砾）石土层等。有利于地下水补给与平衡，生态性较好
普通混凝土防渗墙	承受水头大，防渗性能可靠，但水泥用量大、造价高，适应变形能力差。适用于各种地质条件坝（堤）地基防渗处理。不利于地下水补给与平衡，生态性较差

5. 防渗方案初步选择

从地质钻探情况可知，社岗堤堤身填筑土层为中等—弱透水性，基础堤长约有 90%范围内为双层或多层结构，地层分布为粉质黏土层、淤泥质黏土、冲积砂层、含泥砂卵砾石层，下伏基岩或基岩风化土层存在堤基渗漏、管涌、堤后沼泽化等问题，因此不适合采用劈裂灌浆。高压定喷灌浆和高压摆喷灌浆主要适用于粉土、砂土等松散结构的地层，而社岗堤基础较大范围存在冲积砂层、砂砾石层等情况，也不太适用高压定喷灌浆和高压摆喷灌浆。普通混凝土防渗墙水泥用量大、造价高，主要适用于大水头坝基防渗等。因此，社岗堤防渗方案主要集中在高压旋喷灌浆和塑性混凝土防渗墙方案的比选。

4.4.3　防渗方案的技术比选

1. 塑性混凝土防渗墙与高压旋喷灌浆方案设计

（1）塑性混凝土防渗墙方案设计。沿堤顶中心线设置塑性混凝土防渗墙，防渗墙穿过堤基覆盖层及砂卵砾石层，并嵌入风化土或入岩（相对不透水层）0.5～1m。防渗墙厚0.6m，抗渗等级为P6，允许比降 $[J] \geq 60 \sim 80$。社岗堤工程塑性混凝土防渗墙布置设计断面如图4-3～图4-5所示。

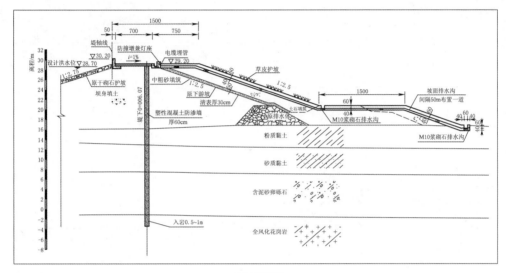

(a) 布置图 I

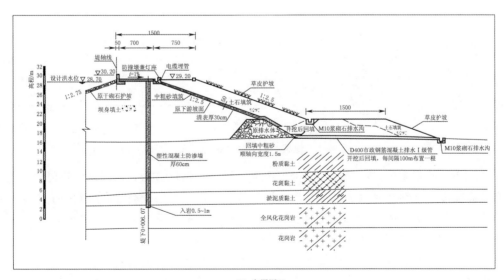

(b) 布置图 II

图 4-3　社岗堤工程普通段设计断面图（尺寸单位：cm）

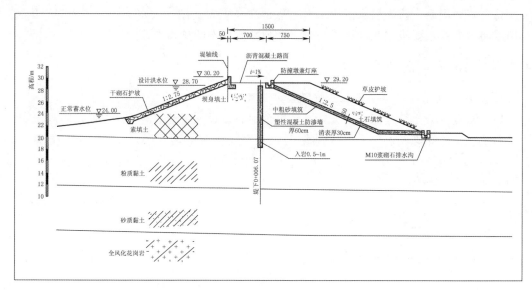

(a) 布置图 I

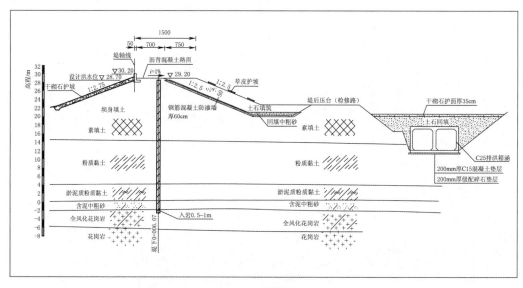

(b) 布置图 II

图 4-4 社岗堤工程淤泥段设计断面图（尺寸单位：cm）

（2）高压旋喷灌浆方案设计。沿堤顶中部轴线进行钻机造孔，采用高压喷射注浆机进行高压旋喷灌浆，钻孔穿过堤基覆盖层及砂砾石层，由于堤防较高，高压旋喷灌浆采用双排布孔，孔距为 1.0m，墙体有效搭接长度为 0.3m，要求允许比降 $[J] \geqslant 60$。

2. 塑性混凝土防渗墙与高压旋喷灌浆技术比选

从塑性混凝土防渗和高压旋喷灌浆的技术特点和适应性分析比较（表 4-6）可知，高压旋喷灌浆和塑性混凝土防渗墙基本上都可以实现社岗堤除险加固防渗目的，但仍需进行进一步的具体分析与比较。表 4-6 从防渗可靠性、防渗耐久性、工艺适应性、变形适应性、施工场地要求、施工工期要求、施工质量控制、施工质量检测等技术方面，对社岗堤采用塑性混凝土防渗墙和高压旋喷灌浆方案进行技术上的比较。

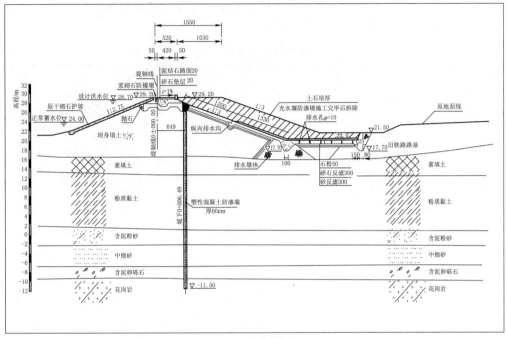

（a）布置图Ⅰ

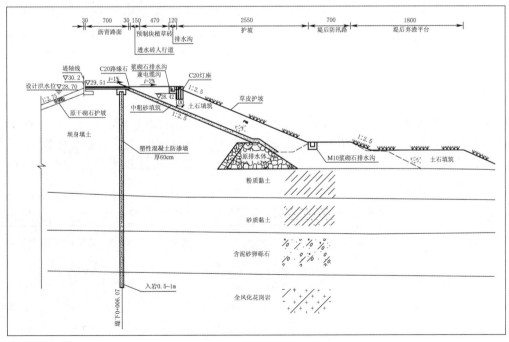

（b）布置图Ⅱ

图 4-5　社岗堤工程充水堰段设计断面图（尺寸单位：cm）

从表 4-6 中可知，塑性混凝土防渗墙适应性好，防渗性能可靠，防渗质量有保证，特别是塑性混凝土的极限变形大，能够适应较大变形，并且具有与土料相似的应力应变关系和破坏形式，结合社岗防护堤的地质条件和主要存在基础渗漏的情况，从技术角度而言，采用塑性混凝土防渗墙显然较有利。

表 4-6　　　　　塑性混凝土防渗墙与高压旋喷灌浆方案技术比较

技术条件	①塑性混凝土防渗墙	②高压旋喷灌浆	优劣比较
防渗可靠性	渗透系数一般为 $1\times10^{-6}\sim1\times10^{-8}$	渗透系数一般为 $1\times10^{-5}\sim1\times10^{-6}$	①优于②
防渗耐久性	耐久性较好	耐久性一般	①优于②
工艺适应性	基本适用于所有地层地质条件，工艺适应性好	主要适用粉土、砂土、砂砾土和砂卵石等松散地层	①优于②
变形适应性	弹性模量低，极限变形大，能适应较大变形	弹性模量较塑性混凝土大，适应变形能力较小	①优于②
施工场地要求	需较大施工平台	施工占地一般	②优于①
施工工期要求	工艺较复杂，工期较长	工艺较简单，工期较短	②优于①
施工质量控制	工艺成熟，过程控制较好，质量较易保证	需要较多工艺试验，质量较难控制	①优于②
施工质量检测	可用钻孔取芯、开挖、注水超声波等，方法较多	需要做围井或蓄水检测，质检较难	①优于②
综合评价	较优	一般	①优于②

4.4.4　防渗方案的生态比选

从节能环保和减排方面进行比选（表 4-7），进行节能减排分析，先计算各方案所消耗的水泥用量，再根据目前我国生产 1t 水泥所需消耗的标准煤，然后根据每燃烧 1t 标准煤产生的 CO_2 数量，就可能计算出每一种防渗方案需要的能耗和排放的温室气体 CO_2 数量。

表 4-7　　　　社岗堤三种防渗方案能耗及 CO_2 排放（生态）比较

设计方案	单位水泥用量 /(kg/m³)	工程量 /m³	水泥用量 /t	能耗（煤）总量 /t	CO_2 排放量 /t
塑性混凝土防渗墙	167.55	66935	11215	2636	7116
普通混凝土防渗墙	300	63166	20081	4719	12741
高压旋喷灌浆	200	213200	42640	10020	27055

能耗比较：高压旋喷灌浆＞普通混凝土防渗墙＞塑性混凝土防渗墙
CO_2 排放量：高压旋喷灌浆＞普通混凝土防渗墙＞塑性混凝土防渗墙

查相关资料可知，生产 1t 水泥需消耗约 235kg 的标准煤，而燃烧 1kg 标准煤产生约 2.7kg CO_2，从表 4-7 计算可知：采用塑性混凝土防渗方案，能耗和温室气体排放量最小，最能体现节能减排和生态环保。比较可知，采用塑性混凝土防渗墙能耗最低，可节约水泥 31425t，减少 CO_2 排放 19939t。

查阅中国碳交易平台公布的 2014 年碳交易价格，CO_2 交易价格为 70 元/t，则社岗堤工程采用塑性混凝土生态加固方案的生态效益为

$$v = 19939t \times 70 \text{元/t} = 1395730 \text{元} = 139.57 \text{万元}$$

4.4.5　防渗方案的经济比选

根据塑性混凝土防渗墙方案设计，墙厚采用 60cm，且由于施工要求，必须对堤防进行加宽培厚，故加宽培厚的工程量须计入方案；根据高压旋喷灌浆方案设计，只进行钻孔和旋喷灌浆。将 3 种方案工程量与造价进行计算比较，见表 4-8。

从表 4-8 可知，采用塑性混凝土防渗墙方案明显比普通混凝土防渗墙和高压旋喷灌浆方案均能更好地降低造价，至多可节约投资 1252 万元，从经济角度考虑，塑性混凝土防渗墙方案优于其他两种防渗方案。

表 4-8　　　　　　　　　　社岗堤 3 种不同防渗方案的经济比较

设计方案	项目	工程量	单价	造价/万元
塑性混凝土防渗墙（厚 60cm）	防渗墙液压抓斗成槽/m²	107261	273.14	2929.73
	塑性混凝土防渗墙/m²	105276	266.87	2809.50
	堤顶培厚土方填筑/m³	257504	40.5	1042.89
	培厚部位填中粗砂/m³	43875	114.5	502.37
	投资小计/万元			7284.49
普通混凝土防渗墙（C25 混凝土）	防渗墙液压抓斗成槽/m²	107261	273.14	2929.73
	普通混凝土防渗墙/m³	63166	385.0	4061.57
	堤顶培厚土方填筑/m³	257504	40.5	1042.89
	培厚部位填中粗砂/m³	43875	114.5	502.37
	投资小计/万元			8536.56
高压旋喷灌浆	高压旋喷钻孔/m	217786	128.4	2796.37
	高压旋喷灌浆/m	213200	220	4690.40
	投资小计/万元			7486.77

三方案造价比较：普通混凝土防渗墙＞高压旋喷灌浆＞塑性混凝土防渗墙

4.4.6　防渗方案的最终确定

从上述塑性混凝土防渗墙、普通混凝土防渗墙、高压旋喷灌浆方案在技术、生态环保、经济三方面的比较可知：①从生态方面比较，采用塑性混凝土防渗墙方案，能耗最低，可节约水泥 31425t，减少温室气体 CO_2 排放 19939t，生态性最好；②从技术应用性比较，采用塑性混凝土防渗墙方案，能较好地适应社岗堤基础双层和多层地基，以及分布

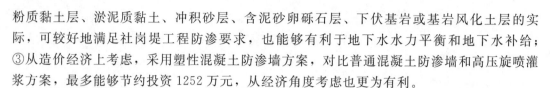

粉质黏土层、淤泥质黏土、冲积砂层、含泥砂卵砾石层、下伏基岩或基岩风化土层的实际，可较好地满足社岗堤工程防渗要求，也能够有利于地下水水力平衡和地下水补给；③从造价经济上考虑，采用塑性混凝土防渗墙方案，对比普通混凝土防渗墙和高压旋喷灌浆方案，最多能够节约投资 1252 万元，从经济角度考虑也更为有利。

因此，采用塑性混凝土防渗墙方案对社岗堤进行防渗加固，能够实现节能生态、技术可靠、经济合理，特别是塑性混凝土所需水泥用量最少，能耗最小，产生的温室气体 CO_2 排放量也最小，能最大限度地实现生态环保的建设理念。可见，采用塑性混凝土防渗墙方案，从技术、生态、经济三方面比较，均比采用高压旋喷灌浆方案优越。因此，最终决定采用塑性混凝土防渗墙方案对社岗堤工程进行除险加固，以消除隐患，确保安全。

4.5　社岗堤抗滑方案比较与选择

4.5.1　方案技术生态比选

社岗堤桩号 1+310～1+440、3+190～3+700 堤段堤基存在较为深厚的淤泥质黏土层。根据初步设计审查意见不考虑塑性混凝土防渗墙抗滑作用后，发现其上游坡抗滑稳定安全不满足规范要求。在招标阶段，根据这一计算结果，将该部位塑性混凝土防渗墙改为钢筋混凝土防渗墙（位于堤下 0+002.3 位置），以起到防渗和阻滑的作用。在施工图阶段，结合防渗墙的位置对工期进行分析时发现防渗墙放在堤下 0+002.3 的位置，不能满足一个枯水期完成防渗墙施工的工期要求（主要是抓槽机抓出来的土影响施工道路，降低施工效率），需将防渗墙放在堤下 0+006.07 的位置，但防渗墙放置在该位置上游坡抗滑稳定安全又不满足规范要求。为保证堤防上游坡抗滑稳定及工期要求，施工图阶段需采取进一步工程措施确保同时满足稳定安全及工期要求。

针对 1+310～1+440、3+190～3+700 堤段出现的上游边坡不满足规范要求的情况，比较了两个方案（见表 4-9）。方案 1 是在上游坡脚设置压脚平台；方案 2 是在滑弧位置设置抗滑桩。方案 1 工程简单可靠，工程投资较省，但由于上游坡脚为飞来峡船闸引航道，在引航道内设置压台势必会减少引航道内的通航水深，影响船舶的通行，该方案不可行。方案 2 是在滑弧的位置设置抗滑桩（图 4-6），抗滑桩的最优位置是设置在滑弧的底部，以起到最大的抗滑作用。但该工程滑弧底部位于船闸引航道内，若在航道上施工则会影响船舶通行。飞来峡船闸设计年通航量为 950 万 t（双向），随着上游经济的快速发展，至 2010 年，飞来峡库区船舶年通航量已经大大超过设计通航能力，2014 年年过闸量已经达到 1443 万 t；2014 年 9 月以来船闸 24h 运行，但仍有大量船舶滞留，若在上游航道内施工抗滑桩势必会进一步加剧通航紧张；同时，在上游抗滑桩施工产生大量泥浆还会造成库区水体的污染，而该工程库区范围属于清远市清城区飞来镇一级水源保护区，不允许施工产生的水体污染，此方案不满足环保要求；实际上，抗滑桩若布置在堤防上游坡范围内施工时均会对水库水体造成污染，因此，抗滑桩布置在防浪墙上游侧均不可行，要布置在防浪墙的下游侧。

表 4-9　　　　　　　　　　　上游抗滑方案技术与生态比较

项　目	方　案　1	方　案　2
工程布置及效果	在上游堤脚设置压脚平台，工程布置针对性强，效果好	采用抗滑桩，工程布置针对性较强，效果较好
施工条件及影响	上游位于船闸引航道，设置压台影响通航，同时会减少船舶通航水深，甚至可能造成停航	采用抗滑桩不影响通航水深，若设置在防浪墙上游侧则影响船舶通航
生态环保方面	设置压台，会对飞来峡库区一级水源保护区水体造成污染	抗滑桩设置在防浪墙上游侧会对库区水体造成污染，设置在防浪墙下游侧则不会对水体造成污染
工程投资	较小	较大
结论	选择方案 2	

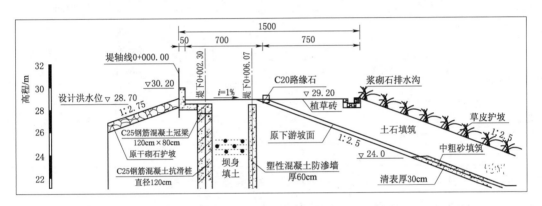

图 4-6　社岗堤抗滑桩横剖面布置图（尺寸单位：cm）

方案 1 虽然投资较小，工程可靠，但由于堤防上游坡坡脚为船闸引航道，并且由于抗滑桩施工时污染水库水体，不能满足环保与生态要求，因此方案 1 不可行，需采用抗滑桩方案，且抗滑桩需布置在防浪墙下游侧。

因此，社岗堤工程抗滑桩布置在防浪墙下游侧的堤下 0+002.3 的位置，将抗滑桩设置在该位置的原因是需要避开防浪墙基础，同时尽可能将抗滑桩向上游布置，以起到更大的抗滑作用。

4.5.2　方案造价经济比较

该工程对抗滑桩比较了两种方案，方案 A 抗滑桩桩径为 1.2m，桩距为 4.0m。方案 B 抗滑桩桩径为 1.0m，桩距为 3.0m（详见表 4-10 和表 4-11）。从方案技术与生态方面比较可知，两方案均可以满足工程需求，但方案 B 的投资比方案 A 高约 77 万元，因此选择桩径 1.2m、桩距 4.0m 作为抗滑桩的施工方案。

经过技术、生态环保与经济比选，该工程采用钢筋混凝土抗滑桩 A 方案作为社岗堤上游坡的抗滑方案。抗滑桩布置在堤顶上游侧 0+002.3 位置，桩径为 1.2m，桩距为 4.0m，抗滑桩桩顶高程为 27.90m，顶部设有联系梁，联系梁宽度为 1.2m，高度为 0.8m。抗滑桩及联系梁均采用 C25 混凝土浇筑。

生态智慧堤防建设关键技术

表 4-10 抗滑桩方案 A 工程量及投资计算

序号	项 目	单 位	数 量	单价/元	总价/万元
1	钻灌注桩孔（ϕ1.2m）	m	4506	982.18	442.57
2	C25 混凝土灌注桩	m³	5092	473.49	241.10
3	C25 桩顶联系梁混凝土	m³	615	413.12	25.41
4	模板	m²	1843	45.04	8.30
5	桩钢筋笼	t	154	5798.6	89.30
6	钢筋制安	t	41	5577.67	22.87
7	合计				829.55

表 4-11 抗滑桩方案 B 工程量及投资计算

序号	项 目	单 位	数 量	单价/元	总价/万元
1	钻灌注桩孔（ϕ1.0m）	m	6006	870.92	523.07
2	C25 混凝土灌注桩	m³	4715	473.49	223.25
3	C25 桩顶联系梁混凝土	m³	512	413.12	21.15
4	模板	m²	1843	45.04	8.30
5	桩钢筋笼	t	192	5798.6	111.33
6	钢筋制安	t	35	5577.67	19.52
7	合计				906.63

4.6 塑性混凝土防渗墙配合比设计

塑性混凝土防渗墙技术是针对刚性混凝土防渗墙存在的主要问题发展起来的，我国于20世纪80年代中期开始引进和研究此项技术，并于1990年应用于北京十三陵抽水蓄能电站尾水隧洞进口围堰和福建省水口水电站临时围堰，1991年应用于山西省册田水库南副坝永久工程中。塑性混凝土就其性能而言，是介于土和混凝土之间，用膨润土或黏土取代普通混凝土中大部分水泥而形成的一种弹性模量和强度更低的柔性材料。因塑性混凝土的弹性模量与周围土体的变形模量相近，具有与土料相似的应力应变关系，可以更好地适应地基变形，大大减少了墙体内的应力，避免开裂，且因大幅度减少水泥和钢筋用量，使工程造价和劳动强度降低，工期缩短，更有利于节能减排、生态环保，符合生态建设的理念。

4.6.1 防渗墙设计要求

社岗堤加固工程设计要求此次塑性混凝土防渗墙墙体抗压强度为：$1.0\text{MPa} \leqslant R_{28} \leqslant 5.0\text{MPa}$（弹强比 150～500），弹性模量 600～1000MPa，渗透系数 $K < n \times 10^{-6}\text{cm/s}$，允许渗透比降 $[J] = 80$。

该工程采用直升导管浇筑混凝土，要求混凝土墙体材料入孔坍落度为 18～22cm，扩散度为 34～40cm，坍落度保持在 15cm 以上的时间应不小于 1h，初凝时间应不小于 6h，终凝时间不宜大于 24h；混凝土密度不宜小于 2100kg/m³。配制混凝土的最大骨料粒径不大于 4cm。为满足上述施工要求，建议加入适当的掺合料和外加剂，其品种和加入量由试验确定。

水泥采用强度等级不低于 42.5 的普通硅酸盐水泥。塑性混凝土的水泥用量不少于 80kg/m³，膨润土用量不少于 40kg/m³，水泥与膨润土的合计用量不少于 160kg/m³，胶凝材料的总量不少于 240kg/m³，砂率不小于 45%。在满足流动性要求的前提下，应尽量减少用水量。塑性混凝土宜采用一级配骨料，当采用二级配骨料时，中石与小石的用量比不大于 1.0。

4.6.2 塑性混凝土原材料要求

塑性混凝土的原材料包括水泥、黏土、膨润土、砂、石、粉煤灰，均应符合相关要求。该工程采用的原材料指标如下：

（1）水泥。选用强度等级为 42.5R 的普通硅酸盐水泥，3d 和 28d 抗折强度分别为 5.6MPa 和 8.2MPa，3d 和 28d 抗压强度分别为 28.4MPa 和 51.6MPa。

（2）粉煤灰。选用 II 级粉煤灰。

（3）砂。选用级配良好的河砂，细度模数为 2.6，表观密度为 2640kg/m³，堆积密度为 1390kg/m³，含泥量为 0.6%。

（4）小石。选用 5～20mm 的连续级配花岗岩碎石，表观密度为 2650kg/m³，堆积密度为 1340kg/m³，含泥量为 0.4%，针片状颗粒含量为 1.3%。

（5）膨润土。膨润土的矿物组成主要为蒙脱石，一般含量在 80% 以上，其次含量较多的是石英，方解石含量较少；其化学成分主要为氧化硅，含量在 60% 左右，其次为氧化铝，含量在 20% 左右。另外含少量的氧化钙、氧化镁。该次配合比设计选用符合国家标准的 II 级膨润土。

（6）外加剂。根据试验情况，选用合适的高性能减水剂，含固量为 6.29%。

4.6.3 塑性混凝土配合比设计

比起刚性混凝土来，塑性混凝土的配合比设计要复杂得多，其原材料特性差别很大，原材料品种又多。寻找各种材料组分最经济的组合，并且使塑性混凝土的各种性能满足设计要求是一件复杂的工作。塑性混凝土的配合比设计原则是通过工程类比法，确定工程应用中塑性混凝土材料的设计参数，依靠经验通过配置多组配合比，寻找各种材料组分最经济的组合。

此次塑性混凝土的配合比设计采用类比工程并按假定容重法进行。塑性混凝土性能随着原材料组成的不同而差别巨大，因此为使塑性混凝土配合比设计工作顺利进行，该次配合比试验研究主要委托广东省水利水电科学研究院负责，试验采用以下原则进行研究：

（1）为了塑性混凝土防渗墙获得更高的安全度，所选的设计配合比应使混凝土具有较小的模强比，一般在 100～300 之间，不宜大于 500。

（2）设计抗压强度 $R_{28}=1～5$MPa，胶凝材料（水泥＋粉煤灰＋膨润土）用量宜在 240～450kg/m³ 之间，其中水泥用量以 100～150kg 为宜，最多不超过 200kg。

（3）为提高塑性混凝土的和易性，塑性混凝土用水量要大，特别是掺入膨润土后，由于

生态智慧堤防建设关键技术

其吸水率高，分散性较差，水灰比多大于2。该工程研究添加高性能聚羧酸减水剂，减少用水量；塑性混凝土用水量根据膨润土和减水剂的使用情况，可控制在 $250\sim330kg/m^3$。

（4）由于塑性混凝土强度和弹性模量均较低，因此其砂率很大，一般都控制在 $40\%\sim70\%$。

（5）塑性混凝土的水胶比较大。当 $R_{28}=1\sim5MPa$ 时，水胶比一般控制在 0.7～1.3。

4.6.4 塑性混凝土配合比试验

具体到该工程实际情况，通过参考相似工程的配合比，依据上述配合比选用原则，按经验拟定了以下几组配合比，见表4-12。

表4-12   社岗堤塑性混凝土配合比试验方案

方案	水胶比	砂率/%	水泥用量/(kg/m³)	粉煤灰掺量/%	膨润土掺量/%	用水量/(kg/m³)	减水剂掺量/%
Ⅰ-1	0.80	44.0	162	25	25	259	3.0
Ⅰ-2	0.90	45.0	147	25	25	265	3.0
Ⅰ-3	1.00	46.0	136	25	25	272	3.0
Ⅱ-1	0.90	46.0	159	20	25	260	3.0
Ⅱ-2	0.90	44.0	150	20	30	270	3.0

影响塑性混凝土抗压强度的因素有很多，包括水胶比、水泥用量、膨润土、粉煤灰、外加剂、养护龄期和养护环境等。

当骨料性能一定时，塑性混凝土抗压强度随胶凝体和骨料之间黏结强度的提高而提高。胶凝体的孔隙率及孔隙结构特征是影响胶凝体强度的主要因素，且主要受塑性混凝土拌合物水胶比的影响。水胶比是影响塑性混凝土抗压强度的主要因素。塑性混凝土抗压强度与水胶比的关系类似于普通混凝土，即随着水胶比的增大而降低。

塑性混凝土中掺入膨润土主要是用于改善其弹性模量，但随着膨润土的掺入，塑性混凝土的抗压强度也会有很大损失。

1. 第1次配合比试验及存在的问题

该工程第1次配合比试验塑性混凝土平均强度为 4.9MPa，渗透系数小于 $n\times10^{-6}$。虽然满足设计要求，但由于平均强度已接近设计要求上限的 5MPa，不利于适应地基的变形（表4-13）。

表4-13   社岗堤塑性混凝土防渗墙第1次配合比成果表

设计强度等级	设计坍落度/mm	水胶比	用水量/kg	水泥品种等级/用量/kg	粉煤灰掺量/kg	集料用量/kg					外加剂掺量/kg	膨润土掺量/kg
						砂<5mm	小石5~20mm	中石20~40mm	大石40~80mm	特大石80~150mm		
1~5MPa	220	0.8	275	P.O 42.5R 186	69	696		885	—	—	6.88	89

基于上述试验成果，经项目组研究，决定再次进行塑性混凝土配合比试验，以取得最优配合比。

2. 第 2 次配合比试验成果

第 2 次配合比减少了水泥及膨润土用量，提高了粉煤灰用量，同时增加了高性能聚羧酸减水剂用量，见表 4-14。

表 4-14　　　　　社岗堤塑性混凝土防渗墙第 2 次配合比成果

设计强度等级	设计坍落度/mm	水胶比	用水量/kg	水泥品种等级/用量/kg	粉煤灰掺量/kg	集料用量/kg					外加剂掺量/kg	膨润土掺量/kg
						砂<5mm	小石5～20mm	中石20～40mm	大石40～80mm	特大石80～150mm		
1～5MPa	205	0.9	265	P.O 42.5R 147	74	738		902		—	8.85	74

第 2 次配合比更加符合塑性混凝土防渗墙的设计理念，在满足防渗要求的前提下，更能适应地基的变形。该工程塑性混凝土配合比试验成果见表 4-15。

表 4-15　　　　　　　　硬化后的塑性混凝土试验结果

方案	水胶比	砂率/%	抗压强度/MPa		弹性模量/MPa	渗透系数/(cm/s)
			7d	28d	28d	28d
Ⅰ-1	0.80	43.0	3.9	5.5	1169	6.02×10^{-8}
Ⅰ-2	0.90	45.0	2.6	3.4	890	1.71×10^{-7}
Ⅰ-3	1.00	47.0	1.8	2.5	724	5.05×10^{-7}
Ⅱ-1	0.90	47.0	2.1	3.0	812	2.24×10^{-7}
Ⅱ-2	0.90	43.0	2.7	3.9	941	1.19×10^{-7}

4.6.5　配合比试验研究小结

社岗堤塑性混凝土防渗墙配合比设计，根据该工程主要解决防渗问题和工程地质情况，参考以往配合比设计的经验与教训，在试验中大胆突破，取得了以下 3 项成果：

(1) 突破了常规塑性混凝土仅仅添加膨润土的做法，增加使用高性能减水剂和粉煤灰，特别是科学添加聚羧酸高性能减水剂，是该次塑性混凝土配合比设计的一大亮点。

(2) 取得了塑性混凝土配合比设计规律，添加减水剂能减少拌和用水量，降低水胶比，增加混凝土的密实度，提高抗压强度；塑性混凝土抗压强度与水胶比的关系类似于普通混凝土，即随着水胶比的增大而降低；塑性混凝土弹性模量一般随着水胶比的增大而减小。

(3) 增大膨润土的掺量能明显减小塑性混凝土渗透系数，膨润土的掺量把握直接影响到塑性混凝土设计渗透系数的目标；掺入钠基膨润土比掺入钙基膨润土能更好地降低弹性模量。

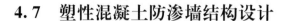

4.7 塑性混凝土防渗墙结构设计

4.7.1 塑性混凝土防渗墙墙体设计

根据《碾压式土石坝设计规范》（SL 274—2001），防渗墙入岩 0.5～1.0m。混凝土垂直防渗墙平行坝轴线，位于坝下 0+002.3，墙顶高程取设计洪水位 28.70m。

（1）按常规经验，防渗墙厚度计算公式为

$$d = \frac{h}{[J]}$$

式中：d 为防渗墙厚度，m；h 为墙体最大作用水头；$[J]$ 为墙体允许渗透比降，考虑施工和混凝土老化等综合因素取 $[J]=60～80$。

经计算，混凝土防渗墙墙体最大作用水头约为 28m，取 $[J]=60$，墙厚为 45.6cm，为保证防渗墙的施工质量，类比其他工程经验，考虑该工程的重要性、施工质量控制、耐久性等因素，该工程塑性混凝土防渗墙厚度取 60cm。

（2）防渗墙的使用年限分析。土石坝混凝土防渗墙承受的渗透比降较大，其使用的耐久性主要受渗流溶蚀作用控制。混凝土防渗墙使用年限可按下面经验公式计算：

$$T = \frac{ac}{k} \frac{L}{J}$$

式中：L 为渗径，即墙厚，m，$L=0.6$m；J 为通过墙的渗流水力坡降；k 为墙的渗透系数，m/a，$k=0.0315$m/a（1.0×10^{-7}cm/s）；c 为混凝土单位水泥用量，kg/m³，取 $c=147$kg/m³；a 为使用混凝土强度降低 50% 时，渗过混凝土水泥的体积，m³/kg，一般情况 $a=1.5～1.8$m³/kg，取 $a=1.6$m³/kg。

通过计算，设计工况防渗墙的渗流水力坡降 $J=20.1$，混凝土防渗墙使用年限 $T=366.9$ 年。根据《水利水电工程结构可靠度设计统一标准》（GB 50199—94），4 级壅水建筑物结构的设计基准期应采用 50 年，可见堤防采用 60cm 厚的混凝土防渗墙的使用年限远大于设计基准期，完全能满足 50 年设计基准期的要求。

（3）防渗墙塑性混凝土指标。塑性混凝土防渗墙设计指标如下：渗透系数小于 $n\times10^{-6}$cm/s，允许渗透比降 $[J]$ 为 60～80。

4.7.2 塑性混凝土防渗墙结构布置

社岗堤全长 3610m，在飞来峡镇附近由于自然山体较高，堤防被自然分割成两段。第一段为 0+100～1+920，第二段为 2+160～3+950。

根据该工程地质勘察成果，第一段范围内堤基黏性土以下广泛存在着强透水的砂砾石垫层，砂砾石层深度在高程 −5.00～5.00m 范围内。防渗墙布置时需穿透该透水层，并伸入全风化层或岩石 0.5～1.0m。根据地质剖面，该段需设防渗墙的范围为 0+100～1+920。防渗墙布置在坝下 0+002.3 位置，采用塑性混凝土防渗墙，防渗墙厚度为 60cm，顶部高程与 100 年一遇设计洪水一致，为 28.70m。

第二段 2+160～3+950 范围大部分堤基存在砂砾石垫层，也需采用防渗墙进行防渗，防渗墙布置在坝下 0+002.3 位置，采用塑性混凝土防渗墙，防渗墙厚度为 60cm，顶部高程与 100 年一遇设计洪水一致，为 28.70m。

防渗墙工作平台布置：社岗防护堤原堤顶宽度为 6.5m，不满足工程采用液压抓斗方法所需的最小工作宽度，因此在防渗墙施工前需要将堤顶加宽。工作平台宽度由堤顶施工道路、防渗墙导向槽及 BH 型液压抓斗施工时所需的最小宽度确定。施工时将施工道路布置在防渗墙的迎水侧，液压抓斗布置在背水侧，防渗墙导向槽设计宽 1.86m；考虑单车道与防浪墙的安全距离，施工道路宽取 4.64m；考虑液压抓斗施工速度及施工交通要求，液压抓斗最小施工宽度为 8m。因此，坝顶最小施工宽度为 14.5m，加原堤顶防浪墙宽度后，共 15m。

堤顶加宽时采用两种方式进行比较，方案一采用挡墙加宽带帽方式，方案二采用在堤防下游坡培厚方式。方案一需设置浆砌石挡墙，增加堤顶荷载，对堤防下游坡稳定不利，土方填筑量较少；方案二在堤防下游坡培厚，既可满足堤顶施工宽度的要求，同时增加了堤身的安全度，土方填筑量虽较多，但现场土料充足且运距较近。经综合比较，采用堤防培厚的方案。

防渗墙开挖时的出渣在堤后平台就近堆放，防渗墙施工完毕后对其进行平整并恢复其草皮护面。防渗墙出渣可用在堤后作为压台，避免了弃渣外运，减少了弃渣场。

防渗墙开挖时的泥浆应循环使用，尽量避免产生弃浆，若产生弃浆，应集中进行处理，避免污染环境。

4.8　系统化绿色节能生态技术

4.8.1　实行分区设计，建设生态碧道

社岗堤工程加固后，堤顶路面宽度从 7m 扩宽至 15m，如何进行利用和设计成为生态堤防建设的一个主要问题。从水生态文明建设思路出发，统筹考虑堤顶的防汛交通、堤坡稳固、生态绿化、方便群众和飞来峡水利风景区等因素，结合民生水利要求和满足人民群众对美好生活的需要等原则，优先采用生态环保材料和适生草皮，提出了堤防分区设计方案，按堤防加固后的横断面，从堤顶到背水坡及堤后反压平台，分成以下 4 个区域进行生态设计和平面布置：

（1）保留 7.45m 宽的原堤顶路，采用沥青混凝土柔性路面，保证堤防防汛交通和日常堤防管理功能需要。

（2）设置一条 1.5m 宽的生态碧道，采用彩色环保透水砖铺成绿道，方便附近飞来峡镇区居民休闲运动和满足"AAAA"景区功能需要，贯彻了以人为本、生态优先的设计思想。

（3）设置 6.05m 宽的八字形草砖堤顶面，既能很好适应堤防加固培厚后的沉降变形需要，也较好地体现了堤防安全管理需要与绿色生态功能。

（4）堤后坡与弃渣回填堤后凹坑绿化平台，全部采用适生草皮（铁线草）进行护坡和生态绿化，实现了绿色生态设计功能要求（图 4-7、图 4-8）。

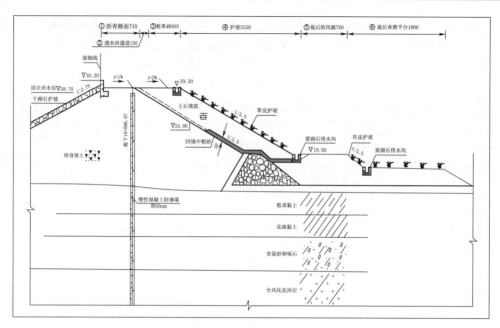

图 4-7　社岗堤工程分区设计断面图（尺寸单位：cm）

4.8.2　精心选择草种，堤坡稳固生态

社岗堤原来堤坡植草种比较复杂，坡面草丛高低不一。此次除险加固，堤顶从 7m 加宽到 15m，进行重新规划设计草皮，按照"适地适草"的原则，进行草种方案比选（表4-16），选择适合当地土壤气候、有利稳固堤坡、方便管理、适应能力强的铁线草作为社岗堤背水坡草皮，从种植效果看，铁线草生长快、水保功能显著，达到了设计目的。

图 4-8　社岗堤工程堤顶结构实景照片

表 4-16　　　　　　　　社岗堤除险加固工程背水坡草皮比选

当地条件	大叶油草特性	蜈蚣草特性	铁线草特性
社岗堤土壤为花岗岩风化土，为酸性砂性土，排水良好，当地年均降水量约2215mm，年均气温约21.5℃，年均日照时间约1688h，气候呈温湿多雨特点	多年生禾草，喜潮湿热带和亚热带，但不耐霜冻、不耐干旱、旱季休眠、不耐水淹，耐荫蔽，适宜在潮湿砂土中生长。再生力强，抗病虫害，乔木下经常可见，是能与乔灌草结合的草本植物，作为水土流失固坡护堤植物	多年生禾本，株高 5～15cm，具有匍匐茎，再生力强。为亚热带植物，对土壤适应性较广，喜湿润、疏松和砂质土壤，耐酸性土，最适 pH 为 4.5～5.5，但土壤滞水或地面水分淹浸时生长不良，耐盐性差，其分蘖力强，草丛密集、覆盖度大，建植速度快，既可作为优良牧草又能保土护岸。能耐家畜牧食，不耐强烈践踏	多年生禾本，匍匐茎长达 1m 以上。喜温热湿润气候，耐牧性、耐割性都很强，耐阴性较差。从砂土到重黏土的各种土壤上均能生长，但以湿润而排水良好的中等到黏重土壤上生长最好，在受涝的土壤上长势较差。质地粗、耐践踏，茎叶茂盛，固堤护坡防治水土流失非常有效

最终选择：综合比较，选择铁线草（狗牙根）作为社岗堤背水坡和堤后平台草种

4.8.3　采用节能产品，实现节能减排

原社岗堤防汛共有 75 盏高杆路灯（2×250W），建成运行 20 年来，由于飞来峡水利枢纽处于雷区，经常被雷击烧毁，日常维护工作量很大，且原来采用的钠灯照明，灯光昏暗，照明不足，不利于对堤防进行夜间管理和安全巡查。此次加固对堤顶防汛照明路灯进行节能改造，将原来采用的全部钠灯改用新型节能 LED 灯（2×120W），路灯使用寿命比原来的钠灯可延长 2 倍以上，每年还可节约电能 85410kWh，从小处着手，同样实现了节能减排。

4.8.4　充分利用太阳能，实现绿色监测

利用社岗堤当地年均气温 21.5℃、年均日照时间长达 1688h 的条件，对社岗堤安全监测系统采用太阳能电池进行供电，采用电台传送监测数据，实现 24h 不间断全自动化智能监测，做到节能减排与生态环保（图 4-9）。

图 4-9　社岗堤太阳能安全监测系统
和生态堤防

4.9　工程弃渣资源化综合利用技术

4.9.1　多专业联动不设置弃渣场

按照传统的做法，在工程建设过程中不可避免产生弃渣弃土问题，一般会将弃渣运到专门设置的弃渣场堆放，而弃渣场的建设一般通过征地解决，并要对弃渣场的弃渣进行复绿、拦挡、排水、沉沙池等水土保持绿化建设。社岗堤建设过程中有以下几个方面产生弃渣：

（1）对原堤防进行培厚的过程，应对堤后坡原来的草皮及表土进行清除。

（2）对原堤顶、堤脚的排水沟、步道、防撞墩的浆砌石等进行拆除的过程。

（3）对堤身、堤基采用塑性混凝土防渗墙防渗，在防渗墙成墙开挖时，因挖槽而产生的弃土。

经计算，以上几部分产生的弃土弃渣有 8 万 m³，如果要运到专门的弃渣场去堆放，需要征地、运输、水土保持等费用。根据生态堤防建设的总体要求，建设单位、设计单位、监理单位等专业技术人员，对此进行了专门研究，根据飞来峡水利枢纽管理范围的实际情况，项目法人、监理单位、设计单位的水工、施工、地质、水保、环保、造价等专业设计人员紧密配合，多专业联动，提出了不设置弃渣场，采取多种措施对弃土弃渣进行资源化利用，实现了减少水土流失风险，有利于环境保护、节约投资的三重效益。

根据是否设置弃渣场及弃渣全部利用的对比计算，弃渣资源化 100％全部利用后，可

节约投资 505 万元。

4.9.2　弃渣资源化综合利用方向

社岗堤工程除险加固建设场地清理和防渗墙成墙开挖过程中，直接产生弃渣 8 万 m³，根据飞来峡枢纽和社岗堤现场地形条件，以及水土保持生态绿化建设需要，因地制宜采取主坝堤后填塘固基、社岗堤堤后防汛道路填筑及反压平台处理、3 号副坝上游连接段整修、2 号副坝生态文化园垫高和微地形改造等 4 项措施对弃渣进行资源化全部利用，既有效地保护了生态环境，也有利于防止水土流失，实现了水安全与水经济、水生态与水环境的和谐统一。

（1）将拆除堤顶排水沟、防撞墩等产生的浆砌石、废砖块弃渣运至飞来峡水利枢纽主土坝下游因历史形成的坑塘，填塘固基，既解决了弃渣石、砖块出路，也消除了主土坝下游坑塘对土坝的安全隐患。

（2）将防渗墙成墙开挖出的大量弃土弃渣用于社岗堤后凹坑填平，作为反压平台；同时也将弃渣用于堤后防汛检修道路的加固加宽，既加固了堤防，也大量节约了弃渣场处理费用，节约了弃渣运输费用和弃渣场水土保持费用。

（3）将防渗墙成墙开挖出的一部分土方用于飞来峡枢纽 3 号副坝上游与社岗堤南端连接段右侧边坡修整，并结合水土保持和生态绿化。由于边坡正面对飞来峡水利风景区入口，将此边坡经过弃土修整后，利用适生四种灌木和草皮，在边坡种出了"飞来峡欢迎您"的几个红底绿植大字，既绿化了边坡，也提升了飞来峡水利枢纽的文化亲和力。

（4）将防渗墙成墙开挖出的一部分弃土用于枢纽 2 号副坝上游平台加固加高和微地形改造。由于 2 号副坝上游平台原来较低、长期积水，原来种植的桃树全部因积水严重而死，此次利用社岗堤塑性混凝土防渗墙成墙开挖出的弃土对其进行垫高改造和增设排水管沟，并利用原堤防剥离表土作为绿化种植土，大大减少了 2 号副坝上游平台绿化改造和水文化设施的建设费用，节约了投资，也为 2 号副坝平台生态绿化功能恢复创造了自然基础条件。

4.10　水生态与水文化融合建设技术

社岗堤位于飞来峡水利枢纽管理范围内，属于飞来峡水利枢纽 AAAA 级水利风景区的核心范围。因此结合社岗堤除险加固，在确保安全、满足水土保持和生态保护的前提下，采用生态材料，结合地形地貌和游憩等功能要求，适当增加水利文化宣传和方便群众休闲健身的建设内容，因地制宜进行水生态与水文化建设，体现飞来峡生态与人水和谐特色。

4.10.1　因地制宜，布设沿线生态节点

社岗堤全长 3610m，由南北两段组成，中间由自然天成的小山包（因山边设有地方自来水厂，故俗称水厂山头）分隔而形成南北两段。由于社岗堤处于飞来峡水利风景区范围，并且堤后沿线分布着飞来峡镇政府各类机关单位、学校和大量民居，因此，在确保安

全的前提下，沿社岗堤全线，充分利用堤防线附近的小山包、三角地、转弯处等地形地貌，将水土保持与生态绿化结合，融合水文化与水生态，合理考虑地方群众需求，体现优美水生态、宜居水环境，以满足人民群众对美好生活的需要，体现以人为本、民生水利、生态水利和人文水利的特色，有机地衔接、融合地形地貌，创造出四个不同特色生态环境和人文氛围的生态节点。

（1）在社岗堤南段入口处，利用堤防起始转弯处与山体相连段的三角地带，扩建出一个小平台，营造出一条弯弯小径，并种植红叶李、小叶紫薇、杜鹃、黄金叶、玫瑰和台湾草，放置黄蜡石景石一块，在景石正面刻上工程名称，上书由当地书法家书写的草书"社岗防护堤"五个大字，在景石背面刻上"社岗堤加固工程建设记"，让前来参观的人民群众和游客一进入社岗堤，就能从景石上读到社岗堤工程加固建设缘由、建设历程、工程任务、工程等级、洪水标准和主要建设内容，让参观者感受到水文化和生态绿化的氛围（图4-10、图4-11为南段入口改造后实景）。

图 4-10 社岗堤南段入口处
生态文化建设实景 1

图 4-11 社岗堤南段入口处
生态文化建设实景 2

（2）在社岗堤南段中间的望江亭段，利用堤防连体的小山包，将其平整绿化，放置一块景石，上面刻书"珍惜水资源、保护水环境"进行水生态、水文化教育，同时种植小叶紫薇、苏铁、红叶李、黄金榕、绿竹、红花檵木、台湾草等，利用镇区楼房和远处群山的层次感，采用借景、地形、绿化相结合的手法，体现飞来峡枢纽水利风景区游憩与镇区背景搭配的层次感，将水文化宣传不知不觉间融入其中（图4-12）。

（3）在社岗堤中段，由于飞来峡镇水厂山头的分隔，社岗堤被天然地形分成南北两段堤防，并与飞来峡镇区街道相连，在水厂山头升平箱涵两侧与镇区连接的堤脚入口（图4-13、图4-14）有一片荒地，用弃渣堆出作为反压平台，利用靠近飞来峡镇区的特点，从方便群众休闲的角度和民生水利的理念出发，设置2个各具特色的生态节点小景，南北段分别放置2块景石，分别上书"依法治水，造福人民""爱护绿化，保护水环境"；同时在两侧分别设置2条透水砖铺就的弯弯曲曲的人行小道，种植大叶油草、苏铁、红叶李、杜鹃、红继木、紫荆、黄槐等，形成鸟语花香、曲径通幽、安静休闲、方便群众的生态休闲小景，体现了民生水利、人水和谐、以人为本的本质特征，得到了附近镇区人民群众的普遍欢迎与一致好评。

图 4-12　望江亭段（体现游憩与　　　　图 4-13　社岗堤水厂山头以北入口
镇区背景搭配的层次感）　　　　　　　　（方便群众，体现以人为本）

（4）在社岗堤脚后面，利用部分弃土弃渣填筑设置一条 5m 宽的防汛公路，结合防汛公路另一侧为反压平台的条件（图 4-15），在路边种植一排（10m 1 棵）黄金榕，在反压平台上种植铁线草（狗牙根），营造出一片约几万平方米绿油油的大草坪，既方便群众骑行，也不影响防汛管理，体现了绿色、生态、自然的田园气息。

图 4-14　社岗堤水厂山头以南入口　　　　图 4-15　堤后防汛道路侧
（因势利导，体现人水协调）　　　　　　　（满足功能，适应生态管理）

4.10.2　因势利导，建造生态文化岸坡

在社岗堤南端与 3 号副坝上游左岸连接段，原来为坡陡跌坎，凹凸不平，杂草丛生，水土流失，生态混乱，对枢纽整体绿化及景观美化上造成了极大影响，也直接影响飞来峡水利风景区形象。将社岗堤防渗墙成墙过程开挖出的弃土运至社岗堤南端与 3 号副坝上游左岸连接段进行平整修坡，对其进行生态绿化改造。由于该段堤坡面对飞来峡水利风景区入口正面，经研究决定在修整后的坡面用适生灌木设计成"飞来峡欢迎您" 6 个立体大字，采用黄金叶、红花檵木、福建茶等多种有色灌木进行造型设计，给游人一进入风景区就立即感受到视觉上的冲击，这样既提升了飞来峡 AAAA 级风景区的文化品位与亲和感，也改善了生态环境（图 4-16、图 4-17 为生态改造前后的对比）。在坡面其他空余地方种植一些可观赏花卉，分别为西洋杜鹃、龙船花、月季、大红

花等，在其周边衬托一些零星的有花小乔木等，整体上给飞来峡创造出一个丰富且具有特色的生态文化景区。

图 4-16　社岗堤南段与 3 号副坝
连接段生态绿化改造前

图 4-17　社岗堤南段与 3 号副坝
连接段生态绿化改造后

4.10.3　迹地改造，建设生态文化园区

1. 基本设计构思

该工程水土保持和生态绿化建设的重点区域在飞来峡枢纽 2 号副坝上游平台，面积约 25000m²，原来是施工迹地（图 4-18），乱石成堆，杂草丛生，积水横流，原种植的桃树均枯萎死亡，与飞来峡水利风景区格格不入。设计构思上要在满足水土保持和生态保护、生态修复要求的前提下，结合生态、文化、休闲、游憩等功能要求对其进行生态绿化改造，将水生态、水景观、水环境、水文化融合建设。

图 4-18　2 号副坝上游平台施工迹地改造前面貌

2. 植物选择要求

在设计上考虑将一年四季交融在一起，创造出良好的自然生态环境，种植四季植物，优先考虑乡土植物的适应性，讲究四季有花，四季有景，乔木、灌木、藤本和草本植物合理搭配，使整个环境在时间和空间上有相应的变化，体现自然生态群落特色。同时考虑到枢纽职工、周边群众和游人的舒适性，在功能的设计上追求生态、文化、休闲、健身合理布局。

3. 设计功能分区

整个 2 号副坝上游平台施工迹地按照区域功能、生态、文化、健身、休闲布局要求划分为 5 个区域：①生态园入口区；②文化展示区；③区域中间地段的漫步观景区；④紧邻漫步观景区南侧的休闲娱乐区；⑤位于整个绿化区两侧的安静休息区。

4. 总体平面布置

设计布局竖向布置方面，利用社岗堤防渗墙成墙开挖弃土堆至 2 号副坝施工迹地，对整个平台总体平均抬升1~2m，提高地面标高以利排水，并配置排水设施和喷灌设备。总体平面布局（图4-19）方面，主要通过营造微地形，形成中间相对平缓，东北方向一个小山包（高约3m）、西南方向一个平缓小土包（高约2m），其他部位局部提升，形成高低起伏、错落有致的空间格局。东北边最高地形处布置一个亭子，西南边种植一片观赏林，中间布置水池，东南片布置两个文化长廊，其他区域种植不同季节均有花开的乔木、灌木、藤本植物和各种时花，采用彩色透水砖砌成园林小径，配置园林地灯具贯穿园中。

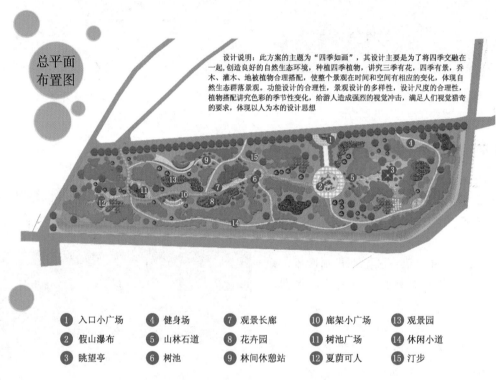

设计说明：此方案的主题为"四季如画"，其设计主要是为了将四季交融在一起，创造良好的自然生态环境，种植四季植物，讲究三季有花，四季有景，乔木、灌木、地被植物合理搭配，使整个景观在时间和空间有相应的变化，体现自然生态群落景观。功能设计的合理性，景观设计的多样性，设计尺度的合理性，植物搭配讲究色彩的季节性变化，给游人造成强烈的视觉冲击，满足人们视觉猎奇的要求，体现以人为本的设计思想

① 入口小广场　④ 健身场　⑦ 观景长廊　⑩ 廊架小广场　⑬ 观景园
② 假山瀑布　⑤ 山林石道　⑧ 花卉园　⑪ 树池广场　⑭ 休闲小道
③ 眺望亭　⑥ 树池　⑨ 林间休憩站　⑫ 夏荫可人　⑮ 汀步

图4-19　2号副坝迹地生态文化改造总平面布置图

5. 生态文化园主入口区

生态文化园区主入口布设在园区广场中心位置，该区域主要以铺装为主，采用不同的铺装显示出不同的层次感，在主入口的半圆形小广场中间布设大型置石，置石上刻有当地书法名家书写的"晨曦暮影"四个字（图4-20），作为飞来峡水利风景区生态文化园的引入点，置石主要采用整块黄蜡石材料，石面呈自然形态，颜色鲜艳光泽，以此作为游园的引入点，景石的周边种植多种花灌木，有鸡蛋花、红花檵木、金边黄杨等；入口的铺装采用广场砖材质，黑白搭配，呈现出不同的层次感；绕过景石，步行15m，来到园区的圆形中心广场，在广场中心设置了一座假山瀑布（图4-21），假山上细水流动的声音，给游人一种感官上的触动，让游人有一种静心如水的感觉，水池中种满了睡莲，满池碧绿的叶子，犹如草毯一样；在广场周边栽植各种景观树种，乔灌草高低结合，起到遮蔽和背景效果。

图 4-20　2 号副坝迹地生态改造结合水
文化建设实景（主入口区）

图 4-21　2 号副坝迹地生态改造文化
园假山瀑布实景

6. 水文化展示区

社岗堤处于飞来峡水利风景区范围内，原景区内水文化元素相对缺失，此次在进行水保生态绿化过程中，充分考虑水文化这一景观特色，因地制宜，将水土保持与生态绿化充分结合，将水生态与水文化相融合，在现有的改造范围内充分将水文化体现在水生态这一理念当中。水文化展示内容主要包括我国古代治水故事、水利书法作品、水利楹联作品、枢纽建设历程、水法宣传等，将其刻制在石景、长廊和亭子上。如园区入口景石正面刻有"晨曦暮影"四个大字，背面则以一首《飞来峡赋》（图 4-22）抒写了飞来峡水利枢纽建设的历程；2 个圆弧形花架结合建设水文化长廊，在长廊柱子间隔镶嵌大理石刻制成的我国古代治水故事和水利书法作品（图 4-23、图 4-24），突显了水文化特色；花架立柱上刻有"大禹治水（图 4-25）""李冰治水""孙叔敖治水""西门豹治水""王景治水""范仲淹治水""王安石治水""郭守敬治水"等八大治水典故，弧形廊架立柱上刻有飞来峡建设水利书法作品和有关领导题词，充分展现了飞来峡水利枢纽的责任以及其重要性。水文化展示区一方面展示了飞来峡水利枢纽的建设历程，另一方面还可以为游人增长水利知识，还能有效地结合水利历史文化，进行生态绿化和水文化融合建设，实现了水生态与水文化融合的生态设计理念。

图 4-22　2 号副坝迹地改造生态文化园
实景（《飞来峡赋》）

图 4-23　水利书法展示 1

图 4-24　水利书法展示 2

图 4-25　2号副坝迹地改造生态
文化园实景（大禹治水）

飞 来 峡 赋

　　南粤大地，古今通衢，商贾如云，流通海外。乃当代改革前沿，又海上丝绸之埠。然江河纵横，经年肆虐，乙卯大水，广州城内，汪洋七日，痛苦不堪。纵观现当代，洪患之扰，屡见不鲜，花城广州乃至珠三角深受其害。追根溯源，治理北江已成眉睫之迫。于是乎，省委省政府当断立行，剑指飞来峡，斥资半百亿，挥师斩洪魔。时维公元一九九四年九月。是时，设计监理施工厉兵秣马，挥膊上阵，人员三万有余。但见机器轰鸣，人来车往，抗严寒、顶酷暑，披星戴月，鬼斧神工。挖基坑、筑大坝、修船闸、建电站、迁移民，六年工期，五年完成。一九九八年九月，巨龙锁江，三千米大坝东西横贯；鲤跃龙门，百千艘货轮穿行南北。万家灯火，十四万机组激情点燃；高峡平湖，泛泛水面几成海。

　　枢纽既成，后续管理需谋划；广东水利，接过重任敢担当。运筹帷幄，党组筹建管理局；广纳英才，四方贤达鱼贯来。一九九六年至今，飞来峡人同心同德、目标一致，淡漠寒暑，为民服务，经建设、管理、运行、调度，令江河安澜，风调雨顺，民生幸福。细数风流，枢纽抗击最大洪水一万七千四百立方米每秒，每年可保障下游三万亿国民生产总值；年通航量最高达一千四百余万吨；年发电量最高逾六点零二亿千瓦时；十九亿库容，水资源配置屡建奇功，珠三角万民欢悦。竣工后，大禹奖、鲁班奖、詹天佑奖悉数入囊，实至名归。建管二十载，寒来暑往，文明之花满园绽放，"全国五一劳动奖状""全国先进基层党组织""全国创文明行业工作先进单位""广东省文明单位"等，不胜枚举，无以累赘。

　　看如今，天光溶于水色，游目骋怀，御和风以观万象；人杰以赋地灵，厚德载物，勒巨石而为志铭。时乙未年仲冬飞来峡同仁记。

7. 漫步观景区

漫步观景区紧挨着英石假山瀑布的南侧，一条绿道由中心广场南侧引入，园路布置曲折有致，两侧种植多为低矮的灌木和花卉，乔木以观花和观叶为主，零星散种加以衬托层次感和美感，突出四季变化。为了加强游园的丰富性，在游人行走园路的过程中，设置可供休息的树池，可缠绕花卉的花架，文化长廊连接铺设鹅卵石的健身小路，让游人既能观景又能休息健身。

灌木采用红绒球、西洋杜鹃、大红花、三角梅、龙船花、月季等观花物种；藤本植物主要为清远市花禾雀花及炮仗花，分别缠绕于花架之上；高层树种为秋枫、美丽异木棉、鸡蛋花、阴香、红花羊蹄甲、九里香等乔木（图 4-26）。

图 4-26　2号副坝上游平台改造生态
文化园实景（漫步景观区）

8. 休闲娱乐区

该区域主要以休闲和娱乐为主，位于漫步观景区的南侧，在区域内分别布设了圆弧形文化长廊和树池广场各一处，文化广场方便枢纽职工和游人进行适当的体育锻炼与休闲，文化长廊柱子同样用大理石镶嵌我国古代治水故事（范仲淹治水、王安石治水、郭守敬治水）和水利书法作品；长廊花架上种植炮仗花缭绕其上，长廊周边分别布设可以观赏的花卉和树冠较大的高大乔木，可以选用秋枫、阴香、美丽异木棉等高大乔木，供游人乘凉和休息。该区域选用的乔木主要有白玉兰、阴香、秋枫、大王椰子、小叶紫薇、盆架子、红花羊蹄甲等，灌木选用上主要有三角梅、黄金叶（球状）、苏铁、龙船花、红叶石楠等，弧形广场旁边种植的藤本植物主要有美人蕉、凌霄等，红黄色鲜花竞放可增添娱乐氛围，烘托出喜悦的心情与轻松的意境（图 4-27～图 4-29）。

图 4-27　2号副坝上游平台改造生态
文化园建设实景（实景 1）

图 4-28　2号副坝上游平台改造生态
文化园建设实景（实景 2）

9．安静休息区

该区域分别位于生态文化园区的南北两侧，该区域主要为游人提供一处可以免于外界打扰的休息区域，利用社岗堤开挖弃土将两侧地形分别抬高 2～3m。在园区北侧，用弃土堆成的小山包顶为整个生态文化园最高处，设置一观景亭（图 4-30），亭子为四角亭，高约 6m，宽约 5m；观景亭根据飞来峡水利枢纽性质命名为顺风亭，建设单位撰写了飞来峡水利枢纽建设对联，请当地书法家协会主席题写。上联是：顺天宜人，方知飞来景象独好；下联是：风平浪静，才晓广东水利情浓。在园区南侧改造的小山包种植细叶榄仁风景树，并设置树池广场一处，在树池的一旁放置两张石

图 4-29　2 号副坝上游平台改造生态文化园建设实景（实景 3）

桌凳，两侧坡面都采用汀步的形式供游人上下坡面。在 2 号副坝南侧与左坝头交汇处，对原亭子进行改造，建成安澜亭，柱子上镶嵌水文化对联一副，亦由当地书法家书写而成。上联是：抚今追昔说不完大禹治水天下事；下联是：寻古溯源道不尽愚公移山千古情（图 4-31）。

图 4-30　2 号副坝上游平台生态文化园区的顺风亭（实景 1）

图 4-31　生态文化园区南侧的安澜亭（实景 2）

该区域造就了一个安静环境，种植四季植物，讲究每季有花，四季有景，乔、灌、草、藤本植物合理搭配，乔木树种主要有黄花风铃木、美丽异木棉、秋枫、南洋楹、香樟、阴香、杜英、红花羊蹄甲等，观赏的灌木主要有月季、黄金叶（片植）、红花檵木、五色梅、红叶小檗、红叶女贞、夹竹桃等，使整个环境在时间和空间上有相应变化，创造出良好生态环境与水文化交融的景色（图 4-31～图 4-33）。

生态文化园区的建设，极大地提高了社岗堤工程的文化内涵，也提升了飞来峡水利风景区的文化品位。社岗堤工程完成后，得到了周边群众的一致好评，也取得了一系列荣誉（图 4-34～图 4-37）。

图 4-32　生态文化园区南侧
建设的安澜亭（实景 3）

图 4-33　2 号副坝上游南侧
结合水文化建设实景（实景 4）

图 4-34　飞来峡水利枢纽为
国家水利风景区

图 4-35　社岗堤加固工程荣获
水利部文明工地称号

图 4-36　社岗堤水土保持与生态绿化获
中国水土保持学会优秀设计奖

图 4-37　社岗堤工程荣获 2020 年度
广东优质水利工程奖一等奖

4.11　小结

在社岗堤生态堤防建设的过程中，采取了一系列生态措施，实现了以下目标：

（1）首次提出并实施整体生态设计思路，做到生态优先、系统设计；在堤防建设中全面贯彻以人为本、生态优先、系统设计、文化融合、节能环保、整体生态的设计与建设理念，实现了理念创新。

（2）率先提出并实施了"技术、生态、经济"三因素比选新方法，突破了"技术、经济"两因素比选的传统设计方法，工程加固方案围绕安全可靠、节能生态、经济合理来展开，做到安全与生态并重，实现了方法创新。

（3）创新了塑性混凝土配合比设计。根据工程地质情况，在塑性混凝土防渗墙配合比设计中，经过反复试验研究，加入聚羧酸高效减水剂和粉煤灰，防渗效果好，质量达到优秀等级，做到了强度、密实度、和易性、防渗性相统一，实现了配合比设计创新。

（4）贯彻和体现尊重自然、人与自然和谐相处的设计思路。在工程建设过程中坚持和谐理念，合理利用现有资源，坚持节约优先、保护优先、自然恢复为主的方针。"万物各得其和以生，各得其养以成。"设计中充分利用工程当地气候土壤与地形地貌条件，结合当地适生的乔、灌、藤、草等各种植被，加以搭配、组合、利用，实现天然植物与自然地貌相结合，以不同形式及各种现代艺术形态呈现出人与自然和谐景观，将地形地貌、弃渣利用、生态绿化相结合，为人们提供一处宁静、和谐、美丽的优质生态景观场地，满足人民群众日益增长的对优美生态环境和美好生活的需要。

（5）践行绿水青山就是金山银山理念，实现生态环境与经济协同共生新路径。该工程设计过程中全面覆盖项目建设相关区域，以高标准设计带动社岗堤自然资源的可持续利用。根据社岗堤位于飞来峡国家AAAA级水利风景区核心的地理条件，对社岗堤原有生态环境进行优化配置，提高绿化覆盖率，扩大绿化品种和类别，完善社岗堤生态功能，增加其天然价值和自然资本；设置沿江绿色碧道、水利历史文化长廊等景点，扩展了周边群众休闲活动场所，增加生态绿化景观文化内涵，增强经济社会发展潜力，实现了绿水青山就是金山银山，做到生态效益和经济社会效益双赢。

（6）落实生态优先，进行分区设计，提出堤防分区设计方案。按堤防加固后的横断面，从堤顶到背水坡，分成4个区域进行生态布置，建成了功能协调、以人为本的生态堤防。

（7）多专业联动系统设计，实现弃渣资源化100%全部利用。工程设计过程中，设计单位的水工、施工、地质、水保、环保、造价等专业人员与业主、监理、施工等单位紧密配合联动设计，将社岗堤工程产生的8万 m³ 弃土弃渣100%进行资源化利用，不设置弃渣场；将弃渣弃土用于主土坝下游填塘固基、堤后防汛检修道路建设和反压平台、2号副坝原施工迹地及3号副坝与社岗堤连接段边坡绿化改造，为景区水生态、水文化建设创造条件，节约绿化费用。

（8）优先采用节能产品，将社岗堤防汛路灯由原来的钠灯全部改造为LED节能灯，实现绿色生态节能环保；在社岗堤渗流安全监测系统采用太阳能供电，解决了社岗堤雷区设备安全和节能减排问题，实现绿色监测。

（9）坚持因地制宜，实现水生态与水文化融合建设理念。根据系统生态、因地制宜原则，将水土保持与生态绿化充分结合，充分利用工程现场地形地貌，采用植物措施与水文化设施相结合的绿化手法，在社岗堤沿线 4 个堤段创造出 4 个各具特色的生态小景。因势利导，营造生态文化岸坡，采用大叶油草、福建茶、红继木、黄金叶 4 种不同颜色的灌草进行造型，设计成"飞来峡欢迎您"字样，提升了飞来峡 AAAA 级景区的文化品位及生态亲和力。利用弃土对 2 号副坝上游平台原施工迹地进行改造，以飞来峡枢纽建设历程写成的"飞来峡赋"，与我国古代治水故事、水利书法作品、水利楹联作品等刻制在石景、长廊和亭子上；采用乔、灌、草、藤本植物合理搭配出四季景色，绘就了一幅水生态与水文化交融的美丽画卷，极大提升了飞来峡国家水利风景区的文化内涵。

第5章 塑性混凝土防渗墙接头新技术

5.1 塑性混凝土防渗墙施工概述

社岗堤工程主体建设方案经"技术、生态、经济"三因素方案比选后，确定采用塑性混凝土防渗墙技术方案。塑性混凝土防渗墙施工与普通混凝土防渗墙施工工艺基本相同，不同之处主要是在塑性混凝土配制时增加掺加黏土、膨润土和外加剂的掺加工序。其主要施工技术流程为：修筑施工平台和导墙、划分防渗墙槽孔（段）、槽孔建造、泥浆系统护壁、泥浆回收、终孔验收、换浆及验收、预埋管埋设等、塑性混凝土配制、混凝土浇筑、预埋管拔出、质量检测（图5-1）。

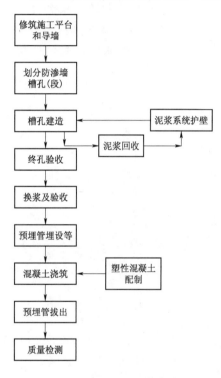

图5-1 塑性混凝土防渗墙施工流程图

槽孔建造是塑性混凝土防渗墙施工的主要工序，它受地层影响最大，注浆护壁是保证槽孔完整的主要因素。常用的成槽方法有钻劈法、抓取法、钻抓法等，较先进的槽孔建造施工方法是抓取法。根据社岗堤地质条件，塑性混凝土防渗墙槽孔建造采用抓取法施工，泥浆固壁。塑性混凝土的浇筑采用泥浆下直升导管浇筑法，塑性混凝土的入孔坍落度一般宜为18~22cm，扩散度一般宜为34~40cm，坍落度保持15cm以上的时间应不小于1h，初凝时间不小于6h，终凝时间不大于24h。

塑性混凝土浇筑是防渗墙能否有效建成发挥防渗作用的关键，而防渗墙一般划分若干槽段进行连续施工，相邻两个槽段的衔接部分称为墙段连接或称为接头，防渗墙由接头将各槽段（孔）连接成整体。如果接头施工方案不当或施工质量有问题，将可能在这些接缝部位产生集中渗漏，渗漏严重的将直接影响防渗墙整体防渗效果，导致防渗失效。因此，槽段接头施工是确保防渗墙质量的重要环节，常规的接头处理方式有钻凿法、接头管（板）法等，由于采用钻凿法会造成损耗10%左右的混凝土材料和需要较长的工时，一般很少采用。因此，大部分塑性混凝土防渗墙连接一般都采用接头管（板）法。

接头管法是在一期槽孔（段）浇筑塑性混凝土防渗墙时将专门的接头管（板）置于槽孔的两端，然后浇筑混凝土，待混凝土初凝后，用专门的拔管机或吊车将接头管（板）拔出，从而在一期槽孔两端预留出光滑的半圆柱面和便于二期槽孔施工的两个导孔，二期槽孔施工完成后，即在此形成了接触面，从而保证了接头处混凝土连接质量。此法既可以保证接缝质量，又可避免采用钻凿法对混凝土的浪费，缺点是需要有专门的拔管设备，施工工艺较为复杂，花费的施工时间较长，特别是防渗墙深度较大时困难更大。

可见，塑性混凝土施工过程中成墙的薄弱环节是两个墙段之间的接头部分，是混凝土防渗墙质量的关键部位，而接头处理施工过程耗费时间较长也直接延长防渗墙的施工总工期。根据大量的施工实践，按照常规的接头管法进行墙段连接处理，一般需要 4～5h，这样无疑会大大增加塑性混凝土防渗墙的施工时间，导致施工过程延长，进而大大增加槽段塌孔的风险，甚至可能导致挖槽机挖斗被埋等严重问题。

在社岗堤工程建设过程中，由于用于社岗堤培厚的土料场补偿等问题，导致社岗堤培厚填筑施工大大延迟，使防渗墙开工时间延迟至 2014 年 11 月底才开始，致使全线 3610m 长的社岗堤塑性混凝土防渗墙施工时间仅有 100 天，其中还包括春节假期。如果还是按照常规传统的防渗墙接头施工处理工艺，将不能按时于 2015 年汛期来临之前（即 4 月 1 日之前）完成社岗堤全线塑性混凝土防渗墙的施工任务，直接影响到防渗墙施工质量和飞来峡水利枢纽的度汛安全，必须另想他法。因此，只有优化塑性混凝土防渗墙施工方案、创新塑性混凝土防渗墙施工工艺技术，特别是对影响防渗墙施工效率的 I 期、II 期墙段之间的接头处理工艺进行技术创新，才能在确保质量的前提下，保证于汛期到来之前完成 9.7 万 m^3 的塑性混凝土防渗墙施工。

5.2　防渗墙施工条件分析

社岗堤线位于飞来峡水利枢纽库区上游北江左岸一级阶地和花岗岩残丘相间的近岸边地带。社岗堤堤身为厚 10～15m 的花岗岩风化土、残积土填土，为中等—弱透水性土；堤基沿线地层主要为第四系冲积层，局部为花岗岩孤丘残坡积土。第四系冲积层主要由黏性土、中细砂及砾卵石组成，总厚度 15～20m。堤基地质结构绝大部分（90%）属双层和多层结构，为粉质黏土、基岩风化土层及基岩，或为砂层、淤泥质黏土、含泥砂卵砾石层。该工程设计防渗墙轴线位于堤下 0+6.07m，设计墙顶高程 28.70m，现状堤顶高程 29.20m，由于原堤顶宽度为 7.0m，不能满足混凝土防渗墙的施工作业面宽度 15m 的要求，同时考虑对原有堤身进行培厚，因此设计方案将原堤身在背水侧培厚 8.0m，坡比为 1:2.5，堤顶宽度变为 15.0m，可满足防渗墙施工作业要求，具体布置型式如图 5-2 所示。

5.3　施工重点与难点分析

根据飞来峡水利枢纽工程度汛要求，社岗塑性混凝土防渗墙要求在 2015 年 4 月 1 日前完成。防渗墙施工前要先进行堤身培厚，为防渗墙提供作业平台，但因社岗堤堤身培厚所需土料场补偿等客观原因，导致堤防培厚工期延期了 2 个月，进而影响到防渗墙于 2014 年 11 月底才开始施工，同时去除春节假期影响，实际塑性混凝土防渗墙有效的施工

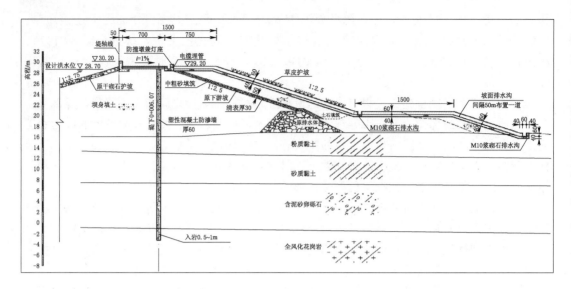

图 5-2　社岗堤塑性混凝土防渗墙正常段剖面图（尺寸单位：cm）

时间只有 100d，在此期间内要完成 97510m² 的防渗墙施工，施工强度非常高。如果采用常规的防渗墙挖槽、浇筑和接头管法处理墙段接头，就是按照三班作业、加强设备维护和做好其他配合工序，也肯定不能按时完成，而防渗墙槽孔建造和塑性混凝土浇筑这两个工序是没有办法节约的，主要的施工时间节约和工艺改进关键还是放在接头处理方面，因此必须着重研究改进接头管处理的施工方法与工艺，有效提高施工效率，才能满足工程度汛要求。

防渗墙施工工艺流程主要包括：施工准备、施工平台及导墙施工、泥浆拌制、槽孔建造、混凝土浇筑、墙段连接处理等，在强透水层防渗墙施工中，通常选择增加泥浆浓度来加强泥浆护壁性能，但施工中发现社岗堤堤基绝大多数主透水层以冲积砂层（顶板高程 0～12.20m，厚 5～15m）及含泥砂卵砾石层（顶板高程 6.00～8.00m，厚 3～10m）为主，颗粒级配差，黏土少，空隙多，透水性强，注入泥浆后，防渗墙每一道施工工序耗时都很久；耗时越久，漏浆漏液问题越严重，继而引发塌孔现象，对越发紧张的工期更加不利，施工难度非常大。

社岗堤塑性混凝土防渗墙分两期槽段（孔）施工，如果对一、二期槽段接头仍采用常规"接头管法"进行连接，这种方法在灌注Ⅰ序槽的混凝土前需进行埋管，同时还要根据混凝土的凝结情况（初凝后）及时拔管，这两个工序要动用汽车起重机、液压拔管机，经过测算，每个Ⅰ序槽的接头处理需要消耗 4～5h，将肯定会延长防渗墙裸槽时间，而裸槽时间持续越久，漏浆和塌孔现象也将越严重，非常不利于下一道工序的进行，并且直接影响防渗墙施工进度，从而影响工程度汛安全。因此，在社岗堤强透水堤基下防渗墙施工中，如何在保证质量的前提下改进繁复的施工工艺、缩短裸槽时间，进而提高防渗墙施工效率，是该工程施工工艺改进研究的重点，也是难点。

为了安全、高效、优质地完成防渗墙施工，施工等单位成立了技术攻关小组，专门负责研究在强透水层地质条件下，如何才能尽量避免防渗墙施工中经常发生塌孔、漏浆问题，加快施工进度，使防渗墙施工顺利完成。

5.4　接头技术研究与创新

5.4.1　研究目标内容

　　根据社岗堤地质条件为强透水地基的条件，从提高防渗墙施工效率并保证其质量的基本要求出发，提出对接头工艺进行创新改进的目标是：对塑性混凝土防渗墙接头工艺技术进行创新，提出一种全新的施工工法。其主要内容就是：在强透水堤基条件下，对塑性混凝土防渗墙接头施工技术进行改进创新研究，制定防渗墙接头施工新技术、新工艺方案，在保证施工质量的前提下，优质、高效地在汛前完成施工任务。

5.4.2　接头技术创新

　　通过网络、市场调研、图书馆、资料室查证相关资料并委托相关方查新相关防渗墙接头方法的前提下，在充分勘察现场地形、地质条件后，认为该工程塑性混凝土防渗墙在强透水堤基中施工，主要受到堤基中冲积砂层本身特性影响，颗粒级配差，黏土少，空隙多，透水性强，墙段连接处采用常见的接头管法施工时，耗时耗力，而这些不必要的裸槽等待时间持续越久，漏浆越严重，孔壁砂层陷落频生，易引发塌孔，非常不利于后续工序的施工。在详细分析施工技术难题后，召开专题会议，讨论塑性混凝土防渗墙在强透水堤基接头施工过程中的改进措施，缩短不必要的裸槽时间。

　　接头工艺改进思路：由于原技术方案接头工艺耗时耗力，易引起漏浆漏液、槽孔坍塌，不利于工程正常施工，因此技术人员集思广益，经过多次改进，最终确定采用新的"一刀切"接头处理工法，即在挖槽机抓斗的两侧安装切刀，挖槽机在挖Ⅱ序槽时将Ⅰ序槽先浇筑的多余混凝土切除，从而形成良好的与Ⅱ序槽混凝土连接的构造。

5.5　接头新技术及其工艺

5.5.1　防渗墙槽段划分优化

　　社岗堤全长 3610m，其塑性混凝土防渗墙原设计方案中的一个槽段划分为 6.0m 长，全堤总计划分为 602 槽段，因为该工程选用了上海金泰的 SG35 型液压连续墙抓斗机，抓斗最大抓取宽度为 2.7m，按每槽三抓计算，抓槽的有效长度可以达到 7.0m，但考虑每槽段灌注塑性混凝土时架设两套导管，因此单槽长度控制在 6.5m 比较合适，如此一来，总计划分 556 槽，较原设计方案少了 46 槽，且同样按三抓成槽，既提高了单槽施工效率，也减小了槽数，缩短了工期。最后经比较研究并报监理审定决定：社岗堤防渗墙按每槽 6.5m 长挖槽，采用"抓取法"成槽，每槽孔分三抓进行，分Ⅰ序、Ⅱ序施工，先进行Ⅰ序槽施工，后进行Ⅱ序槽施工，参见图 5-3 成槽顺序示意图。

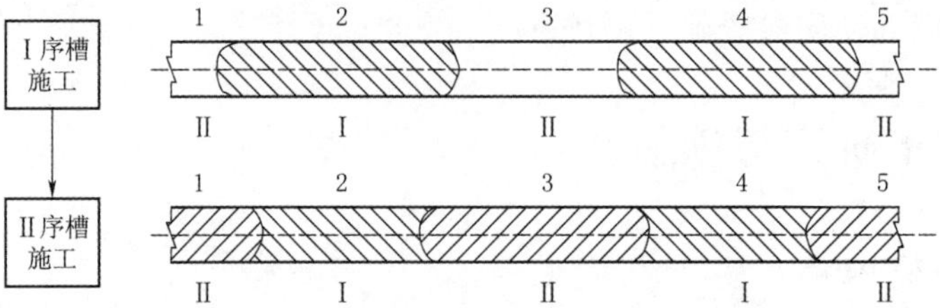

图 5-3　社岗堤塑性混凝土防渗墙成槽顺序示意图

1、2、3…—槽孔编号；Ⅰ、Ⅱ—槽孔施工序号

5.5.2　接头处理新技术工艺

（1）进行Ⅰ序槽混凝土浇筑。一是根据优化后的防渗墙成槽划分标准，每槽长度确定为 6.5m，取消Ⅰ序槽内的接头管。二是在实际施工时，需要在原技术方案中的 6.5m 槽孔两侧各拓宽 10cm 左右，即Ⅰ序槽成槽实际浇筑长度为 6.7m，在成槽后的Ⅰ序槽内采用直升导管法浇筑塑性混凝土，混凝土成墙后长度为 6.7m。由于Ⅰ序混凝土防渗墙两端分别多出了 10cm 左右，因此后续需要对两端多浇的 10cm 接头混凝土的位置做好标记。效果参见图 5-4 接头处理平面示意图中的“防渗墙Ⅰ序槽混凝土浇筑”。

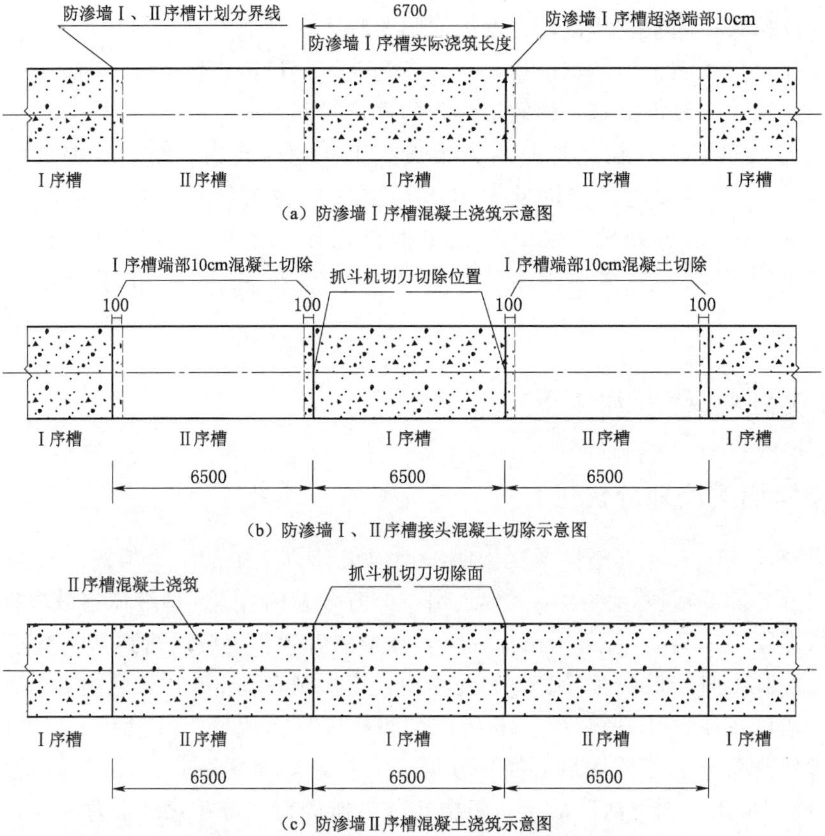

图 5-4　社岗堤塑性混凝土防渗墙接头处理平面示意图（单位：mm）

（2）对Ⅰ序槽接头混凝土切除。一是在Ⅰ序槽6.7m混凝土完成后，在进行Ⅱ序槽施工时，在抓Ⅱ序槽第一抓、第二抓的同时，利用抓斗机斗体两侧的切土刀将Ⅰ序槽端部不平整且混有泥浆的、已标记好位置的10cm超浇混凝土直接切除；二是再利用抓斗机在抓Ⅱ序槽时将切掉的混凝土抓出即可，切除接头混凝土后效果参见图5-4。

需要注意的是，由于是在强透水地基下进行槽孔内水下混凝土浇筑，应在Ⅱ序槽成槽完成后，需将泥浆浓度调低，清理泥渣，接头混凝土切除时形成一个较为新鲜的墙壁，孔壁刷洗质量有保证，在Ⅱ序槽浇筑混凝土时也能与其良好接触。此工艺既保证了接头处的质量和防渗效果，又大大缩短了裸槽的时间和接头处理施工时间，如果按照原接头管法每个Ⅰ序槽混凝土的接头处理需要消耗近4～5h，此次采用抓斗机抓斗两侧安装切刀直接切除Ⅰ序槽接头混凝土的新工法，每个Ⅰ序槽接头处理仅需要1h，效率更高，速度更快，可大幅节约施工时间，极大地减少了裸槽时间，也大大降低了强透水堤基条件下防渗墙施工中塌孔风险。切除接头混凝土后Ⅰ序槽混凝土防渗墙长度仍为6.5m，满足原槽段划分的要求。

接头混凝土切除位置布置如图5-4接头处理平面示意图中的"防渗墙Ⅰ、Ⅱ序槽接头混凝土切除"。

（3）进行Ⅱ序槽混凝土施工。原6.7m长的Ⅰ序槽塑性混凝土在切除端部10cm的混凝土后变成了6.5m长，在Ⅱ序槽成槽后，单槽长即为6.5m长，采用导管法浇筑Ⅱ序槽塑性混凝土。浇筑后效果见图5-4接头处理平面示意图中的"防渗墙Ⅱ序槽混凝土浇筑"。

社岗堤塑性混凝土防渗墙的施工过程工序顺序的具体实施情况，详见图5-5～图5-14。

图5-5　社岗堤防渗墙导向槽开挖

图5-6　社岗堤防渗墙导墙模板及钢筋安装

图5-7　社岗堤防渗墙导墙
混凝土浇筑

图5-8　社岗堤防渗墙导墙
（槽段划分标记）

图5-9　社岗堤塑性混凝土防渗墙
施工抓斗机就位

图5-10　社岗堤防渗成墙施工液压
抓斗机成Ⅰ序槽

图5-11　社岗堤防渗墙Ⅰ序
槽混凝土浇筑前下导管

图5-12　社岗堤塑性混凝土
防渗墙Ⅰ序槽混凝土浇筑

图 5－13　Ⅱ序成槽时抓斗切除　　　　　图 5－14　抓斗机切除Ⅰ序
Ⅰ序槽接头混凝土　　　　　　　　接头混凝土后效果

5.6　防渗墙接头新技术实施

5.6.1　安全与质量保证措施

在社岗堤塑性混凝土防渗墙施工过程中，由于堤基本存在强透水的粉质细砂、淤泥质砂、含泥砂砾石层等强透水层，因此在堤基透水层成槽时，虽然已采取多种措施防止渗漏，但泥浆偶尔也会大量渗漏，造成泥浆面迅速下降，甚至引起槽孔坍塌，为防止上述现象发生，成槽时采取了以下预防措施：

（1）制定详细技术方案。在塑性混凝土防渗墙正式开挖施工前，必须制定好详细的专项施工技术方案，从组织保障、措施保障、设备保障、技术保障等方面着手，完善各项技术细节，提出各种风险应对措施，并报监理工程师审定。

（2）提前做好预防措施。准备足够的堵漏材料和设备，在挖槽过程中，出现漏浆时，向槽内投放黏土球、风化砂、小石、膨润土粉、膨胀剂、锯末等，使其在抓斗冲击挤压下（如果一次投放不能堵漏，则反复进行数次），堵住漏浆通道。必要时可投入一定数量的水泥，使泥浆迅速变稠，降低流动性。

（3）严格控制地表荷载。在防渗墙挖槽和混凝土浇筑施工过程中，要尽量减轻槽孔四周的地表荷载，槽壁附近堆载控制在 $20kN/m^2$ 以内，起吊设备及载重汽车的轮缘距离槽壁不小于 3.5m。控制机械操作，抓斗械操作要平稳，不能猛起猛落，防止槽内形成负压区，产生塌孔。

5.6.2　防渗墙质量技术检测

按照预先制定的强透水层条件下塑性混凝土防渗墙接头施工技术方案，社岗堤防渗墙施工顺利进行，于 2015 年 3 月 21 日圆满地完成了全部塑性混凝土防渗墙施工任务，比原计划提前 10d。同时按照项目法人和有关规范要求，严格进行质量检测控制。

（1）强度检测。由第三方独立检测单位对该工程的防渗墙采用预留试块检查塑性混凝土抗压强度，每一槽段留取一组试块，共留取试块 563 组。经检测，社岗堤塑性混凝土防渗墙 28d 抗压强度检测结果全部均在 1.4～4.8MPa 范围，平均强度 2.71MPa，离差系数 0.19，质量均匀，优于《水利水电工程混凝土防渗墙施工技术》（SL 174—2014）规定的优秀标准，也完全满足设计提出的防渗技术各项参数要求。

图 5-15 社岗堤塑性混凝土防渗墙检测现场注水试验

（2）防渗性能检测。该工程由项目法人委托第三方独立检测单位负责全部项目的质量检测。由于该工程塑性混凝土防渗墙强度普遍小于 3MPa，根据《现浇塑性混凝土防渗芯墙施工技术规程》（JGJ/T 291—2012）和《水利水电工程混凝土防渗墙施工技术》（SL 174—2014）的有关规定，第三方检测单位根据技术规程，采用注水试验检查防渗效果，每 20 个槽段做一次注水试验，选择每一槽段任一部位或两个槽段的接缝处共 59 个墙段及接缝处进行注水试验，其中有 11 个注水孔在墙段接缝处，其余孔在墙段内，最终得出渗透系数完全满足设计要求。社岗堤塑性混凝土防渗墙检测现场注水试验详见图 5-15。

经统计，社岗堤塑性混凝土防渗墙墙段内渗透系数为 $4.40 \times 10^{-8} \sim 9.68 \times 10^{-7}$ cm/s，平均渗透系数为 4.82×10^{-7} cm/s，各墙段接缝处渗透系数为 $2.39 \times 10^{-7} \sim 9.54 \times 10^{-7}$ cm/s，渗透系数均在 $n \times 10^{-6} \sim n \times 10^{-8}$ cm/s 范围内，全部满足设计防渗要求。

检测结果证明，社岗堤塑性混凝土防渗墙接头施工采用"一刀切"新工法既提高了防渗墙施工速度，质量上也是有保证的，说明采用"一刀切"新工法是成功的、可靠的。

5.6.3　新工法效益分析计算

从上述可知，社岗堤塑性混凝土防渗墙墙段接头采用新工法后，对比常规的"接头管法"，每一槽段可节约 4h，整个社岗堤工程防渗墙总计为 602 槽，则总节约施工时间为

$$602 （槽） \times 4 （h）= 2408 （h）= 100 （d）$$

整个社岗堤工程因采用新工法可节约的投资，根据提前 10d 完成施工任务，容易计算出新工法节约的设备成本和管理成本，再加上节约的起重机和拔管机台班费用支出，则可算出总节约投资为

$$（18 + 1.2 + 0.2） \times 10 + 0.775 \times 100 = 271.5 （万元）$$

其中：挖槽设备费 18 万元/d，人工 1.2 万元/d，办公费 0.2 万元/d，起重机与拔管机台班费 0.775 万元/d。

可见，在不考虑社会效益和防洪效益的情况下，采用塑性混凝土防渗墙新工法后，可直接节约投资 271.5 万元，经济效益显著。

5.7　小结

社岗堤塑性混凝土防渗墙施工实践证明：在强透水地基条件下，通过改进塑性混凝土防渗墙接头施工技术，有效控制了防渗墙施工过程中普遍存在的漏浆、塌孔现象，使得后续防渗墙施工可以安全、快速地进行，相比原技术方案的防渗墙施工工期缩短了 10d 时间，为该工程顺利度过防洪度汛期打下了坚实的基础。改进后的接头施工技术不再需要重型机械设备配合，使施工变得简单且质量易于控制，能极大地节约了施工时间，也节约了施工成本，具有明显的经济效益和显著的社会效益。

防渗墙施工完成后，经过项目法人委托的第三方检测单位广东省水利水电工程质量检测中心站进行独立检测，检测质量结果符合设计要求，新工法的创新实施，不但实现了社岗堤塑性混凝土防渗墙在汛期前圆满完成施工任务，确保了飞来峡水利枢纽安全度汛，同时也对以后同类型强透水层塑性混凝土防渗墙接头施工技术有效的借鉴和指导作用。

由该工程承建单位广东省水利水电第三工程局有限公司申报，社岗堤塑性混凝土防渗墙施工接头新工艺技术，经广东省住房和城乡建设厅组织专家鉴定，以粤建市函〔2018〕2933 号文批准为省级新工法，并获得广东省省级工法证书（图 5-16），此新工法命名为：强透水堤基下塑性混凝土防渗墙施工工法。

省 级 工 法 证 书

工法名称： 强透水堤基下塑性混凝土防渗墙施工工法
批准文号： 粤建市函〔2018〕2933 号
工法编号： GDGF060—2018
完成单位： 广东省水利水电第三工程局有限公司

主要完成人： 黄韬、刘利涛、孙龙、季骅、廖京凡、姚俊、孙咏、罗响宽

二〇一八年十二月二十日

图 5-16　社岗堤塑性混凝土防渗墙接头新技术获省级工法证书

第6章 智慧堤防建设主要技术

6.1 智慧堤防工程建设概述

生态智慧堤防建设包括生态堤防和智慧堤防两个方面，是生态堤防与智慧堤防的有机统一体。智慧堤防的建设是在生态堤防建设的基础上，明确智慧堤防建设思路、建设目标、建设内容，从而全面进行防洪安全智能监控、堤防安全智能监测和相关信息化管理建设。

智慧堤防工程的建设思路和目标是主要围绕堤防防洪安全、全面感知、安全管理、信息管理，全面提高堤防管理信息化、现代化水平进行。智慧堤防建设主要内容是根据堤防工程防洪任务和功能要求来考虑，按照信息化、现代化管理要求，以物联网、大数据、云计算、遥感传感、移动通信、红外数字高清视频、自动控制、自动监控监测等技术为主要手段，以堤防管理智能化为主要表现形式，建立堤防综合管理信息平台，做到水位自动监控及自动预警、安全监测自动化、监视智能化、资料数据化、模型定量化、决策智能化、管理信息化、制度标准化，实现防洪管理、安全监测、远程巡视、治安管理、智能预警相统一、相协调。

飞来峡水利枢纽社岗堤除险加固工程是在原有堤防的基础上进行除险加固，加固的主要目的是防渗，消除管涌、堤后沼泽化及渗漏等问题，从而确保防洪安全，并结合堤防管理要求，完善各种管理配套设施，提高信息化管理水平。

由于社岗堤主要工程任务是防洪，因此，社岗堤智慧堤防建设主要围绕堤防的防洪安全、稳定安全、智能感知、智慧管理等管理现代化要求而展开。飞来峡水利枢纽是国务院批准的《珠江流域防洪规划》确定的重要水利工程，是北江中下游防洪体系的骨干水库，保护广州佛山等珠三角地区的防洪安全，通过与北江大堤、芦苞水闸、西南水闸和琶江蓄滞洪区联合运用，将广州、佛山等防洪标准从 100 年一遇提高至 300 年一遇，而社岗堤工程是保持飞来峡水库防洪库容和防洪效益的重要水工建筑物，是飞来峡水利枢纽的重要组成部分。因此，社岗堤智慧堤防建设要求是：利用物联网、大数据、云计算、智能感知、自动监测、智能预警、综合高清视频监控等现代信息技术，实现防洪水位监控智能化、堤防安全监测智能化和堤防日常检查、治安巡视管理远程化、可视化，并与飞来峡水利枢纽监控中心和上级主管部门监控平台相连接，与防洪管理人员手机连接并可发送短信通知，实现随时随地掌握社岗堤工程防洪水位情况、安全监测情况和日常管理情况，确保社岗堤工程安全和防洪安全。

6.2 防洪管理智能监控系统

6.2.1 技术标准和基本条件

1. 遵循的主要标准

该系统所有设备的设计、制造、检查、试验、特性均应遵守包括并不限于下列最新版的 IEC 标准和中国国家标准（GB）及电力行业标准（DL），以及国际单位制（SI）。

> 《安全防范工程技术标准》（GB 50348）。
> 《安全防范工程程序与要求》（GA/T 75）。
> 《安全防范系统验收规则》（GA 308）。
> 《安全防范系统通用图形符号》（GA/T 74）。
> 《安全技术防范（系统）工程检验规范》（DB33/T 334）。
> 《民用闭路电视监控系统工程技术规范》（GB 50198）。
> 《工业电视系统工程设计规范》（GBJ 115）。
> 《音频、视频及类似电子设备安全要求》（GB 8898）。
> 《测量、控制和实验室用电气设备的安全要求》（GB 4793）。
> 《信息技术设备　安全》（GB 4943）。
> ISO/ICE/IS11801 结构化布线标准。
> ISO TCP/IP 协议标准。
> ISO IGMP/CGMP 协议标准。
> 10BASE - T，100BASE - TX 标准，IEEE802.3、IEEE802.3U。
> 《大楼通信综合布线系统》（YD/T 926）。
> 电视系统视频指标（CCTR RECOMMENDATION 472 - 3）。
> 电气指标标准（ELA - 422、ELA - 485）。
> 《电子设备雷击保护导则》（GB/T 7450）。
> 《安全防范工程费用概预算编制方法》（GA/T 70）。
> 《视频安防监控系统技术要求》（GA/T 367）。
> 《建筑与建筑群综合布线系统工程设计规范》（GB/T 50311）。
> 《信息技术　开放系统互连　网络层安全协议》（GB/T 17963）。
> 《计算机信息系统安全产品部件　第 1 部分：安全功能检测》（GA 216.1）。
> 《广东省水利工程视频监控系统技术规范（试行）》（2009 年 7 月）。

以上所有标准均以最新版本为准。当上述标准不一致时按高标准执行。

2. **基本技术条件**

（1）交流电源。①频率：50Hz，允许偏差±0.5Hz。②波形：正弦，畸变系数不大于 5%。③额定电压：单相 220V，波形畸变不大于-15%～+10%。

（2）直流电源。额定电压：12V，电压波动范围为额定电压的±10%。

（3）绝缘。符合 GB/T 15145—1994 3.10 条和 3.11 条的规定。

（4）抗干扰性能及试验。在雷击过电压，一次回路操作，开关场故障及其他强干扰作用下，在二次回路操作干扰作用下，装置应能正常工作。

6.2.2　监控系统建设目标

社岗堤全长 3610m，在堤防沿线及相关位置的关键位置布设高清监控点 24 个，新建一套高清视频智能监控系统，一方面枢纽安保人员和堤坝维护人员在远程就能清楚地察看堤坝面的状况，解决由于人员减少而日常巡堤范围增大的困扰；另一方面生产调度人员可以时刻掌握相关重要位置的水面情况、水位、设备运行等重要信息，及时做出准确的判断，提高处理突发事件的能力。具体要求如下：

（1）建设红外 IP 数字监控系统，最高可达 1080P 高清的图像，实现 24h 不间断实时图像传输。

（2）能够对监控区域进行实时不间断录像，同时高清及模拟监控录像全部存放在存储阵列内保存 30d；并能在经授权安装客户端软件的电脑上，快速调用、拷贝、查询录像。

（3）存储阵列 VRAID 功能，在 RAID 中多（2 或以上）块硬盘损坏后，整个 RAID 组中的数据也不会完全丢失。

（4）基于原系统同扩建网络监控系统不同，将现有模拟信号接入新建高清平台，实现模拟及数字视频监控完美融合。

（5）实现新建高清监控同现有模拟监控系统通过专用客户端上墙软件，在后方中控室 4 个大屏、远程防汛指挥中心、管理处多个会议室拼墙上显示实时监控画面，并能快速任意切换数路高清及模拟视频信号。

（6）该系统能无缝接入管理处防汛生产综合集成管理系统及广东省水利厅监控平台。

（7）前端监控设备球机及枪机具备人脸侦测功能。球机有智能跟踪、江水面高清透雾功能；枪机有智能行为分析，重点区域布控，对江面水位标尺、江堤、岸边、围栏设定布控，超过预设值产生报警信号及视频联动的功能。

（8）平台电子地图支持多个图层，具备超链接功能，可在图层间进行切换，点击平面布置图中的重要设备或设施，同时监视该设备的多个摄像机将会多角度显示该实时视频，并能设定报警防区，视频能同时联动，精准查看现场实时情况，实现远程监控、远程可视管理。

6.2.3　系统架构及其功能

1. 系统架构

社岗堤工程视频智能监控系统采用基于数字 IP 网络的智能化架构，由红外高清前端设备、网络传输设备、集中控制设备、显示和记录设备四大部分组成。

（1）前端设备由安装在堤围及其周围的网络高清一体化红外摄像机、智能型高清红外网络透雾激光高速球机组成，负责图像和数据的采集及信号处理。

（2）网络传输主要采用室外单模光缆、工业级光纤收发器、交换机等接口设备，负责将视频和数据信号传输到管理处后方中控室及远程监控中心。同时数据和视频信号也可经过压缩处理通过多种传输方式传输到所需要的地点。

（3）集中控制设备主要由管理软件平台、集中存储阵列、核心交换机、视频综合管理平台、客户端电脑等组成。主要负责完成前端设备和图像切换的控制（系统可分区控制和分组同步控制）以及图像检索与处理等诸多功能。

（4）显示和记录设备主要由增强型高清解码板、监视器、存储设备等组成，主要完成图像的上墙拼接以及图像的录像存储等功能。

（5）其他分控中心可以通过采用客户端的形式调看视频录像。

社岗堤工程高清视频智能监控系统总体架构拓扑图如图 6-1 所示。

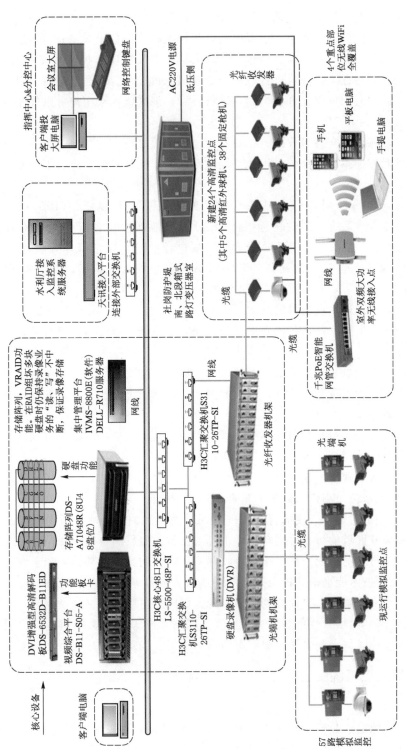

图 6 - 1　社岗堤工程高清视频智能监控系统总体架构拓扑图

2. 系统功能

（1）社岗堤全线重点部位实现无线 WiFi 全覆盖，AP 点采用双频 600Mbps 满足多渠道高清视频传输，同时满足手机、手提电脑、平板电脑等设备接入 WiFi 的技术应用。

（2）实时视频监控能通过客户端和 IE 浏览器实时掌握所监控区域现场的一切情况，通过所给予的权限对任意摄像机进行控制，并对摄像机的位置和巡航进行设置。控制权限具有多样性，同一时间可以允许多个用户进行查看，但高级权限用户可以优先进行强制性控制操作。

（3）集中存储阵列支持录像回放、对所有监控视频进行实时存储，记录事件前后的现场情况及设备操作、事故检修的过程，并通过网络调用回放录像，提供事故发生时的视频和音频资料。

（4）管理处局域网用户可通过基于标准的 HTTP 协议的 B/S(Brower/Server) 和 C/S 方式客户端访问系统，同时在标准的 IE 浏览器地址栏输入所要访问的监控平台或摄像机的 IP 地址，相关人员可根据赋予的权限进行监控，系统管理人员可对系统进行远程的配置、维护，包括修改设备的各项参数，实现校时、重新启动、修改参数、软件升级等。

（5）通过天讯瑞达平台提供的开放友好的 SDK 接口，把飞来峡水利枢纽监控系统接入至广东水利视频监控系统，使得上级部门及相关单位能够远程监控枢纽重要部位，实时掌握现场情况。

（6）社岗堤工程电子地图可以支持 JPEG、BMP 格式位图的导入和显示，可导入所有摄像机位置（包含原有和新建的）的平面图，在平面图上添加关联设备，并在电子地图上实现远程设备控制。

（7）枢纽原有的模拟视频监控系统信号接入新平台，实现目前模拟监控具有的所有功能，整个新平台能使模拟、数字监控系统完好融合。

（8）摄像机实现智能监视水位，并能进行行为侦测、人脸侦测和场景侦测。

1）智能侦测水位。当达到设定的报警水位时，能自动报警。

2）行为侦测。对跨界入侵的行为进行自动检测，如翻越围墙、门岗、河流等，并可对进入区域和离开区域的行为分别布防，也可对区域入侵行为自动检测，并可对入侵区域的物体的占比进行自动识别，减少误报警，并将侦测到的行为联动报警和录像。

3）人脸侦测技术能准确分析识别画面中所有人脸数量、位置、大小，同时通过智能跟踪技术，进行人脸跟踪，当检测到画面中的人脸时，可联动报警和录像。

4）场景侦测。当场景变更后能进行检测并联动警报，如社岗堤堤防（堤后坡、堤脚、堤后等）管理监控区域出现管涌、塌陷等情况，将引起场景变化从而发出警报。

6.2.4 图像监视系统配置

1. 前端设备

（1）前端摄像机的监控范围大小、视频采集质量将影响整个视频监控系统的显示效果。结合实际环境，为保证视频监控的效果，选型应遵照以下原则：

1）在下游水库导水墙、下游水库开关站导水墙、中控楼大门口和船闸楼顶、雕塑广场面向望江亭方向 5 个监控点，由于监控范围大、集中在江岸水面，要求能看清 500m 范围内人的行为、物体位置、大雾时江面动态，因此采用室外智能型高清网络高速球机，其具有激光红外照射（能达到 500m）、30 倍光学变焦、超宽动态、超低照度、透雾强等特点，并能实现智能运动跟踪、越界侦测、区域入侵、人脸侦测、音视频异常侦测等功能。

2）在社岗堤南北段、枢纽防洪坝区主要出入口，采用日夜型（ICR）、有效红外距离 30～150m、最小照度彩色不大于 0.01LUX、宽动态范围达 120dB、符合 IP67 级防尘防水设计的固定室外智能型网络一体化红外摄像机。该摄像机适合逆光环境监控，支持 3D 数字降噪，支持透雾，电子防抖，支持 smartIR，可防止夜间红外过曝，ICR 红外滤片式自动切换，还具备智能行为分析、人脸侦测、音视频异常侦测等功能。枪机自带 SD 卡，当线路传输发生故障时，可以自行进行视频录像存储，线路恢复之后，故障时间段的录像可以实时再传输到远端存储阵列中。

（2）前端高清监控点分布情况详见社岗堤工程新建高清网络监控点位置及设备安装列表（表 6-1）。

表 6-1　　　　　　　社岗堤工程新建高清网络监控点位置及设备安装列表

序号	安装位置	光纤收发器（对）	1080P 红外枪机	1080P 透雾红外球机	加装壁挂支架/吊顶安装	加装立杆、固定可调节支架	监控范围及内容
1	社岗堤南段旧上游收费站	1	2				上游收费站附近船只
2	社岗堤南段望江亭以北 100m	1	2				社岗堤南段望江亭以北 200m
3	社岗堤南段望江亭以南 100m	1	2				社岗堤南段望江亭以南 200m
4	社岗堤南段平顶山雕塑广场	1		1			雕塑广场以北水面及堤坝路面
5	社岗堤北段路灯变附近	1	2			3.5m 高立杆，带避雷针、防水箱、横杆、接地、地笼等	社岗堤北段路灯变及充水堰
6	社岗堤北段充水堰	1	2				社岗堤北段充水堰
7	社岗堤北段银英路口连接处	1					社岗堤北段银英路口入口
8	社岗堤北段升平入口	1	2				社岗堤北段升平入口、升平段防洪仓库前
9	社岗堤南段升平入口	1	3				社岗堤南段升平入口、升平段防洪仓库后
10	社岗堤北段升平水厂段出口	1	1				社岗堤北段升平水厂段围栏出口

续表

序号	安装位置	光纤收发器（对）	1080P 红外枪机	1080P 透雾红外球机	加装壁挂支架/吊顶安装	加装立杆、固定可调节支架	监控范围及内容
11	船闸楼顶防洪监控	1		1		1.5～2m 高立杆，带避雷针、横杆、接地等	坝面船闸楼顶
12	防汛枢纽大门出入口	1	2				防汛枢纽进出人员及车辆
13	左坝区入口防洪哨位	1	2				坝区进出人员及车辆
14	库区大坝中控楼门口	1		1	1		坝区进出人员及车辆
15	上游机组进水口拦污栅	1	2			1.5～2m 高立杆，带避雷针、横杆、接地等	上游机组进水口拦污栅
16	上游水库导水墙	1	2				上游水库区域
17	防洪溢流坝启闭机室 1	1	2		1		溢流坝启闭机室
18	防洪溢流坝启闭机室 2	1	2		1		溢流坝启闭机室
19	枢纽防汛办公大楼	1	2				枢纽防汛办公大楼附近
20	防汛设材仓库	1	2				防洪设材仓库出入情况
21	社岗堤交通桥防洪哨位	1	2			1.5～2m 高立杆，带避雷针、横杆、接地等	社岗堤交通桥附近过往行人及车辆
22	北寮变主出入口	1	2				北寮变主出入行人及车辆情况
23	下游水库溢流坝导水墙	1		1	1		下游水库闸门运行状况及水面动态
24	下游水库开关站导水墙	1		1	1		下游发电机运行情况及水面动态
25	右联段防洪哨位	1	2				坝区防洪哨位进出人员及车辆
26	库区大坝右岸门楼防洪哨位	1	2			监控专用立杆，杆高 1.5m，挑臂长 2m，含基础制作，杆与拐臂可 360°旋转，含避雷针	坝区防洪哨位进出人员及车辆
	总计	25	40	5	5	22	

2．网络传输设备

社岗堤视频数据传输介质采用的是单模光纤链路，包括光纤收发器、汇聚交换机和核心交换机等接口设备，将经过压缩处理的数据和视频信号传输到所需要的地方。

为便于统一管理和维护，用于接收的光纤收发器采用 19 英寸 2U 机箱，安装在枢纽中控楼继保室的视频监控系统机柜内。

2 台 24 口 10/100Base 汇聚交换机将每个前端监控点信号集中汇接，然后接入放置于枢纽中控楼继保室的 48 口核心交换机。2 台汇聚交换机分别安装于船闸集控室监控机柜和中控楼继保室监控系统机柜内。

3．后台处理设备

社岗堤图像监控系统后台处理设备主要包括管理整个系统的集中管理平台、存储设备、显示设备及无缝接入广东省水利监控平台。

（1）集中管理平台。主要是指系统需要的一套视频监控平台软件，用于对整个系统监控点的浏览和集中控制、报警联动布防、远程指挥调度等。

（2）平台总体构架。根据实际需求将平台分成四个层次，从下至上为：基础平台层（含操作系统、数据库、安全加密）、平台服务层（含中间件服务）、业务层（包括各业务逻辑子系统）、应用层（包括各客户端和第三方系统）。平台软件的架构层次如图 6-2 所示。

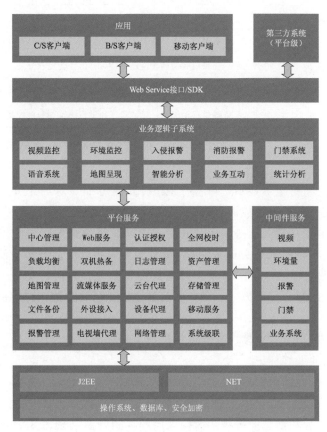

图 6-2　社岗堤监控系统平台软件架构层次

（3）平台软件模块。社岗堤监控系统平台软件模块见表 6－2。

表 6－2 　　　　　　　　　　社岗堤监控系统平台软件模块表

序号	模块名称	类型	模 块 简 述
1	中心管理模块	软件	提供系统配置管理、Web Service 接口、服务器管理、B/S 配置客户端、B/S 控制客户端等功能
2	数据库模块	软件	保存系统的所有业务数据
3	流媒体模块	软件	提供码流转发、级联转发的功能，降低前端设备的取流压力，提升系统的性能
4	云台代理模块	软件	提供云台控制、优先级控制等功能
5	存储管理模块	软件	提供整个平台的存储管理功能，支持前端存储、iSCSI 直写存储、PC-NVR 集中存储等不同的存储方式
6	网络存储模块	软件	提供网络存储功能，支持本地硬盘和 IP－SAN
7	文件备份模块	软件	提供文件的上传备份、检索、查看、下载、点播功能
8	移动终端模块	软件	提供移动终端接入、信令转发功能，实现分辨率、格式转换使之符合移动终端应用需求，并进行流媒体转发
9	电视墙代理模块	软件	提供电视墙客户端管理、轮询计划执行等功能
10	网管模块	软件	提供对整个平台上的设备和服务器的状态监控功能
11	级联模块	软件	提供级联通信功能，支持 SIP 信令转发和分发
12	C/S 客户端	软件	提供远程登录，对系统进行远程操作、上拼墙等功能
13	移动客户端	软件	提供移动终端登录，对视频进行预览、云台控制的功能

（4）平台支持的功能。社岗堤高清视频智能监控系统平台支持的功能主要有以下8 种：

1）视图功能。支持多屏显示，可将各视图弹出主界面显示，并可在多个显示器上显示不同的视图；支持多种平台界面风格。

2）常规视频监控功能。通过树形列表手动选择或模糊查询所需监控点，可实时监视同一监控区域多路实时视频并实现一机同屏同时监视，可实时监视多个监控区域的单路实时视频；支持同机同屏 1/4/9/16 画面等规格画面显示方式，同时支持 4/6/7/9/12/24 画面等多种规格画面的组合显示方式，支持多画面全屏显示，支持窗口比例按照实际显示器分辨率自适应（4：3、16：9）。

支持对任意视频预览、按帧、连续抓拍进行手动录像并保存在本地，可在抓拍的图片上添加备注信息以便做好标记。

支持预览画面时的即时回放。

支持动态调节亮度、对比度、饱和度、色调等视频参数。

3）业务视频监控功能。业务视频监控采用的视图资源展现方式为：省级（广东水利监控平台）→地区级（后方防汛指挥中心）→现场（前方具体管理机构）→重要设备或设施→所有关联的摄像机监控场景。

分组可按实际需求对监控点进行设置，支持 2 级子分组，并可修改和共享已设分组，支持监控点自动巡检功能，轮巡检的对象可以任意设定，包括不同监控区域的监控点、同一监控区域的不同监控点预置点、同一监控点的不同预置点等，轮巡检间隔时间可设置。

监控点巡航通过把多个监控点的不同预置点添加到序列中，配置成巡航路径，依次在各预置点自动停留和显示图像，可以一次性将需要巡检的重要设备或设施的点位添加，实现可视化日常巡检，支持单次巡航和重复巡航，巡航过程支持全程录像。

4）云台控制功能。系统支持对云台镜头的全功能远程控制，可以进行焦距、焦点、光圈的调整，支持转动速度控制；支持 3D 缩放、定位功能，用鼠标拖曳的方式控制摄像机的监控方位、视角，实现快速拉近、推远、定焦监控对象。

具备视频自动复位功能。

对于重要或调用频率高的监控点，可设置预置点，保存摄像机的方向、角度、焦距等信息，多个预置点组成巡航路径后，可实现单个摄像机在多个预置点之间的视频巡航，巡航的预置点顺序、巡航时间和巡航速度可配置。

支持专有键盘及摇杆控制视频播放、切换焦点窗口及对焦点窗口进行云台控制。

5）录像回放功能。支持常规回放、分段回放、事件回放 3 种模式，支持同时检索、回放所选各监控区域的多个摄像机视频。

常规回放模式下，支持按存储介质、通道、时间、录像类型（计划录像、手动录像或报警录像）等组合条件对某一路录像进行搜索，支持 1/4/9/16 画面同步或异步回放。

分段回放模式下，支持按存储介质、通道、时间等组合条件对某一路录像进行搜索，支持对一路录像、分 4/9/16 段回放。

事件回放模式下，支持事件类型（视频报警、IO 报警）通道、时间等组合条件对某一路录像进行搜索，支持 1/4/9/16 画面同步或异步回放。

支持对回放录像单进、单退、快进（1/2/4/8 倍数）、剪辑、抓帧、下载、合并、标签、文字描述、上传等。

支持本地备份、刻盘备份、FTP 上传备份，支持本地录像回放和远程录像回放。

支持录像文件的锁定功能，锁定的录像文件将不会被覆盖。

6）电子地图功能。支持多个图层，具备超链接功能，可在图层间进行切换，支持对电子地图进行放大、缩小和漫游操作。

对于大尺寸电子地图，支持电子地图预置点设置，可通过预置点快速定位所需监控点，地图导航也具备快速定位功能。

具备在电子地图上点击视频监控点图标，弹出视频窗口，可直接对视频进行云台控制，并且监控点在地图上的显示方式为图标，视频窗口可调。

支持在电子地图上实现环境量展示、设备控制等功能。

7）大屏控制功能。具备多路高清图像上墙。

支持监视屏及客户端图像同步显示。

支持监视屏解码音频控制。

支持解码卡、解码器、软解 VGA 上墙多种解码设备。

8）Web 浏览功能。Web 客户端具备配置和监控功能，Web 用户功能权限及可访问区域由系统统一授权。

Web 配置客户端可以实现系统资源的配置，支持对 Web 用户进行统一的权限设置和管理。

Web 监控客户端可以实现视频和环境信息浏览、历史视频检索回放、环境信息历史数据查询功能。

Web 浏览方式支持主流的网络浏览器，支持控件下载提醒。

Web 服务器对外提供统一的访问服务和控制，并进行统一的身份认证和权限检查，登录过程用户名和密码采用加密方式。

4. 显示设备

显示设备主要包括用于现有模拟视频监控系统接入新建高清系统的高清解码卡、电厂 4 台液晶监视器、枢纽大门门卫室吊装的 55 寸全高清 LED 电视机及用作安全图像监控等 4 台客户端电脑。

整个社岗堤高清网络监控是已建模拟与新建高清系统相融合，因此需配置一台视频综合平台及其内置的增强型高清解码卡，用于对现有系统与新建高清网络视频系统进行统一解码及视频上墙。

5. 存储设备

视频录像数据的存储对事后取证有非常重要的作用。该系统采用 VRAID 视频流直写存储（CVR）专用技术、存储设备底层的流媒体数据管理结构和 RAID 优化技术来实现。

视频流直写存储设备的底层数据管理，是基于裸空间独特的流媒体数据管理结构，即在裸空间直接存储视频流。前端视频流数据传输过来后，直接在 RAID 组中硬盘各个条带上写入视频流，不用生成传统文件系统下的文件结构信息。当多块盘损坏时，在流媒体数据管理结构下，好盘上各个条带中的视频数据仍可独立播放；播放到坏盘条带时，直接自动跳过并且自然播放下一个可用条带上的数据，保证录像画面播放流畅。同时新数据传输过来时，仍然可写。

6.2.5 防洪预警平台构建

根据飞来峡水利枢纽的防洪任务和功能配置，社岗堤设置了充水堰，根据飞来峡水库防洪调度情况，超过 100 年一遇洪水时，社岗堤充水堰将要打开泄洪，因此必须对堤外洪水进行严密监控。基于上述任务，要求构建防洪预警平台，随时监控水库水位。

（1）防洪预警系统采用海康平台，能定时获取水位摄像头图像并保存到视频服务器，通过海康综合管理平台 IVMS-8800E 软件进行管理，海康平台定时获取水位摄像头图像并保存到服务器。

（2）采用该工程专门开发的水位分析程序定时分析图片信息。

（3）水位分析程序根据海康平台告警通知协议调用接口预警。

（4）防洪预警功能实施：水位分析用高清视频监控镜头对准水位标尺，进行水位的数据成像，水位波动超过设定标尺时数据采集，程序根据水位覆盖标尺数据反馈，分析水位升高的数据并进行排查，设定报警的响应。对社岗堤充水堰堤外设定上游库水位高程为 24m 时预警弹出窗口，报警水位设定为 50 年一遇洪水位 25.18m、100 年一遇洪水位 28.65m；超出上述水位时，每隔 5min 在枢纽中控楼及相关管理人员客户端电脑桌面弹出报警窗口，同时视频监控点传回现场实时 1080P 高清监控画面，起到最直观的防洪视频监控报警响应。上述预警也可以通过授予相关管理人员的手机联网进行查看。

（5）手机短信平台。测试程序如下：

```
http://192.168.3.12:88/flxoa/oamessage.ext? pmethod = sendMessage&receiveIds =
13662296210&content＝高峰测试 &sendId＝10000&msgType＝jiankong
http://192.168.3.12:88/flxoa/oamessage.ext? pmethod = sendMessage&receiveIds =
13750187371&content＝高峰测试 &sendId＝10000&msgType＝jiankong
ping 192.168.3.12 - t
telnet 192.168.3.12 88
```

在水位报警的同时通过移动通信的 MAS 机传送到手机，手机告警信息可以进行确认后编辑内容发送，在突发情况下确保防洪信息的可靠性及时性。

该系统与飞来峡水利枢纽已建成的防汛生产综合集成管理系统实现统一认证，统一权限管理，完成一站式登录等一站式服务，便于操作人员查看、管理。

6.2.6 工业级室外无线 WiFi

对社岗堤全线建设无线 WiFi 系统，在社岗堤南段望江亭以南/北 100m、北段路灯变附近、北段充水堰重点部位，应用室外工业级无线 WiFi 设备、AP 点采用双频 600Mbps 无线 WiFi 全覆盖，能进行多渠道高清视频传输，同时满足手机、手提电脑、平板电脑等设备接入 WiFi 的技术应用。

无线 WiFi 双频 802.11n 胖瘦一体型室外无线接入点，具备了大功率、高增益天线和工业级外壳等优点，适合室外部署，最高吞吐量高达 600Mbps。支持双千兆以太网口冗余供电、PoE 设备供电。具有 IP - 67 安全防护等级，在恶劣环境中能正常工作。使用内置的高增益天线进行点对点网状连接，以及使用外置天线作为 AP 模式为无线客户端提供接入服务。单个无线 AP 点覆盖半径为 100m，满足各重点部位运行要求。

1. WiFi 功能设计

（1）无线 AP 要求能上外网，能访问内部局域网。

（2）无线 AP 网络内部办公局域网，要求网络跟生产网的数据分开走。

（3）无线 AP 数据不能经过生产网络设备。

2. WiFi 线路设计及拓扑图

现场无线 WiFi 系统可以实现以下功能（图 6-3）：

（1）社岗堤无线 AP 上网，通过光电转换设备直接连接中控楼核心交换机直接上外网。

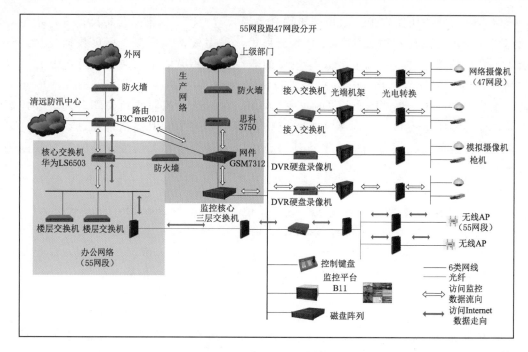

图 6-3　社岗堤室外无线 WiFi 系统拓扑图

（2）生产网与办公网分开两条线路走。

（3）在 MIS 机房直接拉一根光纤到中控机房，两端使用单芯光电转换器，添置 1 台小交换机。

（4）机房到前端无线 AP 之间通过光纤连接，两端使用单芯光电转换器。4 楼 MIS 机房核心交换机 QUIDWAY S6503 的接口为 RJ45 的 47 口，WiFi 网络减少中间环节。

3. 多 IP 授权

无线 WiFi 使用无线外网专用 IP 地址段 192.168.44.10～240，这样 WiFi 网络同 192.168.47.XX 分开独立运行，独立的网址段使多人使用 WiFi 网段 IP 不受限。

4. 无线 WiFi 覆盖安装位置

无线 WiFi 覆盖主要考虑社岗堤和重点堤段，以方便巡视管理和快速响应为原则布设点位，详见表 6-3。

表 6-3　　　　　　　　　　　社岗堤无线 WiFi 覆盖安装位置表

序号	安 装 位 置	安 装 设 备	覆盖范围及内容
1	4 号监控点（社岗堤南段望江亭以南 100m）	网件 ProSafe 600M 802.11n 室外双频大功率无线接入点 WND930/WND930 外置天线套装 ANT24501B/千兆 PoE 智能网管交换机 GS110TP	社岗堤南段望江亭以南 200m
2	5 号监控点（社岗堤南段望江亭以北 100m）		社岗堤南段望江亭以北 200m
3	11 号监控点（社岗堤北段路灯变附近）		社岗堤北段路灯变及充水堰
4	12 号监控点（社岗堤北段充水堰）		社岗堤北段充水堰

6.2.7　智能监控主要功能

社岗堤整套高清视频智能监控系统采用红外数字视频监控与网络信息技术，实现了防洪水位与堤防管理智能监控，自动预警。系统实现了以下功能：

（1）实现了智能监控系统全覆盖。社岗堤主要功能为防洪，全长 3610m，管理范围大，巡查任务重。社岗防护区属于规划滞蓄洪区，根据防洪预案，当飞来峡水库出现超 100 年一遇洪水时，将打开充水堰，蓄水滞洪。因此社岗堤监控系统建设要求对堤防充水堰前水位上涨情况进行实时监控、自动预警；同时对堤防范围内治安情况和堤防日常管理巡视进行远程监控。

社岗堤全线共布置高清视频监控系统前端监控点 11 个，21 台高清摄像机分布设置于社岗防护堤关键位置，2 台视频客户端分别设置于中控室及枢纽保卫部门，中心设备放置于中控楼，系统设备之间的传输采用单模光纤 1000M 链路。社岗堤充水域堰水位报警连接拓扑图如图 6-4 所示。

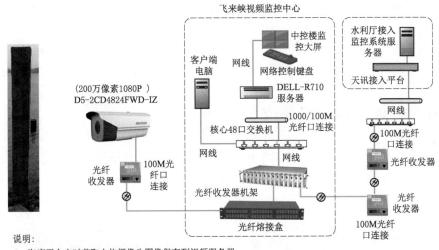

说明：
1. 海康平台定时获取水位摄像头图像保存到视频服务器，
   通过海康综合管理平台IVM5-8800E软件进行管理。
2. 水位分析程序定时分析图片信息。
3. 水位分析程序根据海康平台告警通知协议调用接口预警。

图 6-4　社岗堤充水域堰水位报警连接拓扑图

（2）系统采用红外 IP 数字监控系统，与管理处综合集成管理系统及广东水利视频监控平台无缝接入。系统 24h 不间断 1080P 高清实时监控画面传输，在局域网内客户端、中控室、远程防汛指挥中心等显示实时监控画面，能快速任意切换数路高清视频信号，同时系统存储阵列进行实时不间断录像，存储时间达 30d。

系统前端监控球机及枪机具备人脸侦测功能，球机有智能跟踪、江水面高清透雾功能；枪机智能进行行为分析，重点区域布控，对江面水位标尺、江堤、岸边、围栏设定布控；通过开发相关软件，实现了超过预设值产生报警信号及视频联动的功能。社岗堤充水堰水位标尺超设定水位（50 年一遇）以上时，每 5min 在客户端上跳出监控点画面自动报警，并与短信平台手机连接，实现短信报警；采用具有超链接功能的平台电子地图，能设定报警防区，视频同时联动，点击平面布置图中重要设备或设施，同时监视该设备的多个摄像机将会多角度显示该实时视频，精准查看现场。

监控系统具有三大功能：①实现了对社岗堤工程管理状况的远程清晰巡查察看；②实现了对社岗堤治安状况 24h 不间断全天候治安监控并进行视频联动；③通过系统预警和短信报警功能，实时（每 5～10min）掌握社岗堤重要位置水面情况、水位上涨等重要信息，极大提高了社岗堤防洪决策能力。

（3）实现重点部位 WiFi 全覆盖。在社岗堤南段、望江亭南北段、北段路灯变附近、充水堰重点部位，采用室外工业级无线 WiFi 设备、AP 点采用双频 600Mbps 无线 WiFi 全覆盖，能进行多渠道高清视频传输，可同时满足手机、平板电脑等设备接入 WiFi 技术应用。

无线 WiFi 双频 802.11n 胖瘦一体型室外无线接入点，具备了大功率、高增益天线和工业级外壳等优点，适合室外部署，最高吞吐量高达 600Mbps，支持双千兆以太网。具有 IP-67 安全防护等级，在恶劣环境中能正常工作。使用内置的高增益天线进行点对点网状连接，以及使用外置天线作为 AP 模式为无线客户端提供接入服务。单个无线 AP 点覆盖半径为 250m，满足各重点部位运行要求，确保堤防现场巡视发现的问题能通过手机、平板电脑等便携设备及时报告，及时处理。

6.3 安全监测智能决策系统

社岗堤属除险加固工程，主要采用塑性混凝土防渗墙进行防渗加固，其堤防安全监测最主要的是对堤防浸润线的监测，设计采取武汉大学研制的堤防自动化智能观测系统进行社岗堤安全监测。

6.3.1 安全监测点设置

根据规范要求，浸润线监测断面布置在最大堤高、地形或地质条件复杂的堤段和其他关键部位。结合工程地质条件、加固工程中防渗墙的设置以及现有浸润线监测断面布设位置等因素，拟在原有 4 个监测断面的基础上，在社岗防护堤南段 1+300 处增设 1 个监测断面，断面布设 4 个测点。

社岗堤原有监测断面（0+750、2+450、2+900、3+500）的测点布设，因受防护堤工程措施的影响，需重新实施：拟在防渗墙上游迎水坡侧设置 1 个测点，管底高程设在低于飞来峡水库死水位 1.50m 处；考虑防护堤设置防渗墙会导致墙后浸润线下降，须对背水坡及坡脚位置的 3 个测点管底高程进行重新设定。经研究，拟定将测压孔孔底高程设至原浸润线最小值以下 1.5m 处（如孔内无水，降低孔底高程至有水为止）。新增设的监测断面（1+300）测点及管深根据堤段地质条件参照原断面进行布设。各断面布设情况见表 6-4。

表 6-4　　　　　　　　　　　社岗防护堤测压管布置表

桩　号	测点编号	安装位置	管底高程	备　注
0+750	UP3-1	堤轴线上 1m	16.50m	
	UP3-2	堤轴线下 17m	13.50m	
	UP3-3	堤轴线下 27m		
	UP3-4	堤轴线下 34m		
1+300	UP3-5	堤轴线上 1m	16.50m	新设断面
	UP3-6	堤轴线下 17m	13.50m	
	UP3-7	堤轴线下 27m		
	UP3-8	堤轴线下 34m		
2+450	UP3-9	堤轴线上 1m	16.50m	
	UP3-10	堤轴线下 17m	13.50m	
	UP3-11	堤轴线下 27m		
	UP3-12	堤轴线下 34m		
2+900	UP3-13	堤轴线上 1m	16.50m	
	UP3-14	堤轴线下 17m	13.50m	
	UP3-15	堤轴线下 27m		
	UP3-16	堤轴线下 34m		
3+500	UP3-17	堤轴线上 1m	16.50m	
	UP3-18	堤轴线下 17m	13.50m	
	UP3-19	堤轴线下 27m		
	UP3-20	堤轴线下 34m		

6.3.2　监测设备选型

根据《土石坝安全监测技术规范》(SL 60—94) 及《大坝自动监测系统设备基本技术条件》(SL 268—2001) 的要求，结合飞来峡水利枢纽社岗堤安全监测项目设计原则选定安全监测自动化系统设备。

1. 安全监测采集系统在线主机

安全监测采集系统在线主机内安装数据采集软件，24h 在线工作，需选用运行稳定的设备作为在线主机，配置要求如下：

显示器尺寸：24 英寸。

CPU 型号：Intel Core i5 4570；CPU 主频：3.2GHz。

内存容量：8GB DDR3 1600；硬盘容量：1TB。

显卡芯片：NVIDIA GeForce GT630 2GB。

光驱类型：DVD 刻录机（DVD SuperMulti 双层刻录）。

2. 安全监测采集系统数据备份主机

安全监测采集系统数据备份主机主要用于堤防安全监测数据采集系统数据镜像、工程信息存储等，24h 在线工作，需选用运行稳定的设备作为数据备份主机，配置要求如下：

显示器尺寸：24 英寸。

CPU 型号：Intel Core i7 4770；CPU 频率：3.4GHz/L3 8M。

内存容量：8GB DDR3 1600；硬盘容量：2TB。

显卡芯片：NVIDIA GeForce GT 630 2GB。

光驱类型：DVD 刻录机（DVD SuperMulti 双层刻录）。

3. 测控装置

测控装置是社岗堤安全监测自动化系统的关键设备，是分布式数据采集网络的节点装置，它决定了系统的规模、功能和性能。结合目前飞来峡水利枢纽土坝安全监测系统的特点和社岗堤地处雷雨区需要特别注意防雷的情况，测控装置选型为 MCU - 1M 型或 MCU - 2M 型测控装置，技术指标如下：

（1）钢弦式仪器测量模块（V8/16M）。

测点数量：8/16 支钢弦式仪器（频率＋温度）。

测量范围：频率 400~6000Hz；温度 -50~150℃。

准确度：频率 ±0.05％F·S；温度 ±0.5℃。

分辨力：频率 0.01Hz；温度 0.1℃。

（2）通信接口：内置 RS-485、RS-232-C 接口，CAN 总线、无线、光纤、微波、电话线等通信方式可选。

（3）通信波特率：300~4800bps，可调。

（4）结构：完全模块化结构，多 CPU 并行运行。

（5）测量方式：2min 至每月采样一次，可调。

（6）存储容量：128KB 带掉电保护。

（7）工作电源：220VAC±15％，50Hz 或太阳能电源可选，配 12V4Ah 蓄电池。

（8）断电后工作时间：不小于 7d，每天测次不少于 1 次

（9）工作环境：温度 -20~60℃（-30~60℃可选）；湿度不大于 98％Rh。

（10）设备防雷：传感器 1500W；电源、通信 1500W。

（11）平均无故障工作时间（MTBF）：10000h。

（12）防护等级：IP56。

4. 传感器

目前，实现堤防渗流监测自动化的仪器主要有压阻式、差阻式、电感式和钢弦式等几种类型。其中，压阻式仪器的长期稳定性较差，损坏率高，难以长期应用于堤防安全监测；差阻式渗压计稳定性好，但是灵敏度低，尤其是在低水位监测的情况下不适用；电感

式仪器稳定性差，故障率高，在国内许多工程中使用效果不好；钢弦式传感器可将测压管中水位变换为频率量远传，其灵敏度高，安装方便，已在国内外工程中大量使用。鉴于其已在防护堤中使用，且效果良好，同时，考虑仪器设备的一致性，选用 SXX-35 钢弦式渗压计。其技术指标如下：

测量范围：0～50 psi		分辨力：0.025% F·S	
准确度：±0.5% F·S		线性度：小于 0.5% F·S	
工作温度：-20～60℃			

5. 数传电台

借鉴飞来峡水利枢纽主土坝原电台通信的应用情况，在社岗堤渗透观测系统中采用性能优良的进口日精 ND889A 电台，它除主要完成数传外，还具有通话功能，ND889A 电台通信范围在开阔地域可达 10km，无运行费用，维护简单，防雷效果好。各测控单元分别采用 1 台无线数传电台与中控室无线数传电台进行通信。其性能指标主要如下：

（1）整机性能。

通信方式：	半双工	频道数：	32
振荡制式：	PLL 频率合成	电源：	13.8VDC
频率稳定度：	±3PPm/(-20℃～+60℃)		
频带宽度：	10MHz	天线阻抗：	50Ω
电流消耗：	发射状态　6A	接收状态　300mA	静噪状态　100mA
工作温度：	-20～60℃		

（2）发射机性能。

发射频率：	230MHz 频段	输出功率：	25W
寄生及谐波：	-75dB	调频噪声：	-45dB
音频失真：	3%		

（3）接收机性能。

灵敏度：	0.25μV（信纳比大于 12.3dB 时）		
寄生响应抑制比：-80dB		邻道选择性：	-75dB
互调抑制：	-75dB	音频输出：	4W

ND889A 电台安装简单，只需将电台设定好频道，模块的信号传输线连接到电台，设定好通信类型，即可进行数据传输。

6. 供电方式

考虑到社岗堤处于飞来峡雷雨区，电气设备经常遭受雷击损坏，因此对监测系统不采用交流电供应，而采用太阳能供电方式，可有效避免雷击，既可节约电能，更可以实现绿色监测。该方式需考虑降低系统能耗，测控装置不工作时处于休眠状态。为确保系统的可靠性，在每个测控装置处配 100AH 蓄电池 1 个和 36W 太阳能电池板 1 块。

7. 仪器电缆

采用标准 4 芯双绞屏蔽线，每对双绞线独立屏蔽，1 根屏蔽线。电缆外套采用高密 PVC 材料，能耐寒、耐潮、阻燃、耐磨、耐化学和石油产品的腐蚀，绝缘电阻在 50MΩ 以上，其击穿电压大于 2000V，符合我国相关标准规定，满足仪器设备的使用要求。其主要技术指标如下：

芯线材料：铜或铜合金，表面镀锡

芯线面积：0.2～0.75mm²　　　　　　　　屏蔽材料：铝箔

外套材料：高密 PVC　　　　　　　　　　外套厚度：大于 1.65mm±5%

电缆直径：ϕ6.4mm±0.1mm～ϕ8.0mm±0.2mm

电缆绝缘：大于 200MΩ　　　　　　　　　耐水压：1.0MPa

6.3.3　监测管理系统

社岗堤加固前采用了多个厂家多种型号的监测数据采集和信息管理系统，设备及软件老化，功能单一，自动化程度低。此次加固经方案比选和公开招标，采用南京水文所研制的 DSIM 型新一代堤防安全监测信息管理系统。

1. DSIM 型堤防安全监测信息管理系统硬件配置

（1）信息管理系统在线主机。信息管理系统在线主机内安装飞来峡大坝安全监测系统信息管理软件，24h 在线工作，选用运行稳定的在线主机，配置要求如下：

显示器尺寸：24 英寸。

CPU 型号：Intel Core i5 4570；CPU 主频：3.2GHz。

内存容量：8GB　DDR3 1600；硬盘容量：1TB。

显卡芯片：NVIDIA GeForce GT 630 2GB。

光驱类型：DVD 刻录机（DVD SuperMulti 双层刻录）。

（2）信息管理系统附属数据备份主机。信息管理系统附属数据备份主机主要用于飞来峡大坝安全监测信息管理系统数据镜像、工程信息存储以及批量数据报表、成图，24h 在线工作，选用运行稳定的数据备份主机，配置要求如下：

显示器尺寸：24 英寸。

CPU 型号：Intel Core i7 4770；CPU 频率：3.4GHz/L3 8M。

内存容量：8GB DDR3 1600；硬盘容量：2TB。

显卡芯片：NVIDIA GeForce GT 630 2GB。

光驱类型：DVD 刻录机（DVD SuperMulti 双层刻录）。

2. DSIM 型堤防安全监测信息管理软件

DSIM 型堤防安全监测信息管理软件用于对堤防安全监测自动化系统采集的监测数据及其他有关堤坝安全的信息进行自动获取、存储、加工处理和输入输出，并且为数据分析软件提供完备的数据接口。该软件为运行人员提供了保存和处理堤防安全信息的现代化手段，以便利用堤防安全监测数据和各种堤防安全信息对堤防性态作出分析判断，能按《土石坝安全监测技术规范》（SL 60—94）和《土石坝监测资料整编办法》对堤坝安全监测资料进行整编分析，生成有关报表和图形，做好堤防安全运行和管理工作。

3. 信息管理软件特点

该软件具有强大的测点管理、监测数据管理、远程通信、备份管理、巡查信息管理、安全管理、工程文档浏览、系统监视日志等功能，输出数据采用类似 Windows 资源浏览器的界面，功能强且操作尤为方便，大量采用图形界面和向导技术，用户很快就能学会操作。主要有以下特点：

（1）可视化系统管理。系统设置界面方便直观；可任意扩展测点所需的属性，能满足未来系统扩充的需要。

（2）全自动物理量转换。原始数据在入库的过程中自动完成物理成果量的转换，无须专门的转换过程；每个测点可以配置任意多套物理量转换参数，为更换仪器提供了最大的方便。

（3）DSIM 系统资源浏览器。界面类似 Windows 资源浏览器，用户无须培训即可轻松上手；所有数据输出、分析模型、系统工具、文档等系统资源都一览无余。

（4）软件自动升级。软件升级时自动修改数据库结构、自动恢复系统信息，使升级非常方便。

（5）数据输出制作工具。用户可自己创建报表、多点过程线、测值分布图、相关图等数据输出，按自己所需设定输出界面；创建的数据输出可存储供以后工作需要使用。

（6）报表批量输出。可选择一批报表自动打印，打印报表的工作变得准确快捷、轻松愉快。

4. 信息管理功能

社岗堤安全监测系统的信息管理软件具有下列功能：

（1）测点管理。堤防安全监测系统中各种监测项目中埋设或安装了监测仪器接入自动化系统的测点均为管理对象。

测点属性是指该测点的所有特征数据，包括测点点号、测点设计代号、仪器类型、仪器名称、测值类型、监测项目、安装位置、仪器生产厂家、测点物理量转换算法及计算参数、测点数据入库控制、数据极限控制以及测点数据图形输出控制等。

测点的属性是通过数据库中相互有关系的表来实现的，严密的一致性设计使得修改测点属性相当安全，使得测量数据、算法、入库控制及报表将自动地跟踪修改，使得系统具有高度的灵活性和稳定性。

如果数据库已经运行了一段时间，要修改某测点的点号或设计代号，可通过测点管理修改点号或设计代号，所有该测点原来设置的属性、监测数据、报表数据将自动跟踪到修改后的点号或设计代号上去，不会造成混乱。

（2）远程控制。系统可通过串口利用电话线、光缆、微波等通信媒体或网线对监控主机进行远程控制，实现数据采集软件上的所有功能，并可对数据采集软件中的历史数据进行提取。

（3）数据输入。

1）自动输入：可通过 DG 型堤坝安全监测自动化系统数据采集软件直接获得或通过数据采集软件的数据库定时提取监测数据并入库。数据入库受测点入库时段和数据极限控制。

2）人工输入：如有一些监测项目未纳入自动化监测系统，这些监测项目及实现自动化监测之前的人工监测数据可人工输入，可输入监测数据，也可以直接输入监测物理量。直接输入监测物理量是为了适应人工观测点变为自动化测点后，人工输入该点自动化以前的历史数据。

3) 全自动物理量转换和数据过滤：无论是自动输入还是人工输入数据，在入库的过程中自动完成监测数据至监测物理量的转换并存储。

（4）数据输出。通过输出向导可以输出测点数据图表、数据模板（特殊的数据输出集合）和报表；通过测点列表输出数据。

（5）通过输出模板输出数据。通过数据管理的输出向导输出日报、月报、年报和系统信息等报表以及自动创建多点数据输出模板并输出等。

（6）巡查信息管理。人工巡视检查是了解堤防动态的重要工作，用以弥补仪器监测的不足，每次巡视检查获得的信息可用人工输入，以便资料分析和堤防安全评定时查询和输出历史巡查记录。

（7）堤防安全文档管理。有关堤防安全的文档包括文字资料和工程图按堤防安全册要求建立，除作为档案保存外也便于进行资料分析和堤防评判时调阅。该软件采用当前最流行的 HTML 文档制作，用户通过 FrontPage 或其他主页设计工具可以方便地修改、增加文档，用 Windows 中的 Internet 浏览器可以方便地浏览或打印输出文档。

（8）备份管理。备份管理提供了数据和系统信息的备份与还原功能。

（9）分析软件接口。为数据分析软件提供了非常简明的测量数据表，所有的测量数据都在一个表中，通过这样的测量数据表，数据分析软件可以很方便地获取数据。

数据分析系统得到的分析结果还可以反馈到数据库中，利用该接口，就可以实现通过数学模型来监控大坝安全性态。

（10）系统安全管理。具有系统设置权限的用户可以添加和删除系统用户，给不同的用户设置不同的权限，不同的用户以自己的口令和密码登录系统后有不同安全级别的操作权限。有了安全信息管理就可以防止有意或无意对系统造成的破坏。

（11）软件自动升级。数据库应用软件的特点是当软件升级时常常需要更改数据库的结构。如果用人工来完成这一工作，工作量相当大且容易出错，为此系统中设计了自动创建和升级这一功能，在软件升级时自动创建新的数据库结构并将原来的系统信息和测量数据的备份自动还原进入新建的数据库。有了该功能，使软件升级成为一个很轻松的事。

6.3.4　智能监测能力

社岗堤防安全监测系统采用新一代堤防监测智能决策系统，实现社岗堤安全监测智能化管理。

根据《土石坝安全监测技术规范》（SL 60—94）及《大坝自动监测系统设备基本技术条件》（SL 268—2001）的规定，社岗堤共设置 5 个观测断面，20 支测压管，按照安全监测智能化原则，采用全自动化智能监测与决策系统。全套系统由堤坝安全监测采集系统在线主机、数据备份主机、测控装置、传感器、数传电台、电源（100Ah 蓄电池和 36W 太阳能电池板）、仪器电缆、数据采集及信息管理软件和辅助决策系统等组成。系统利用太阳能供电，节能环保，能实现 24h 在线工作；数传电台除主要完成数传外，还具有通话功能，电台通信范围在开阔地域可达 10km，无运行费用，防雷效果好；各测控单元分别采用 1 台无线数传电台与中控室无线数传电台进行通信（见图 6-5）。

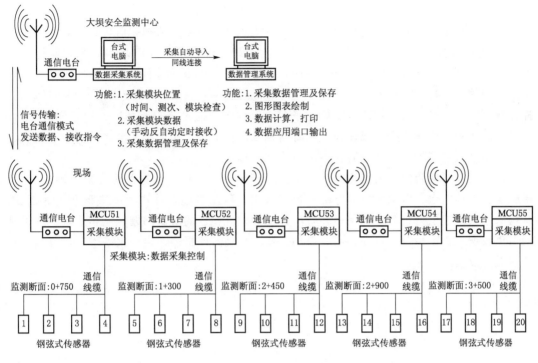

图 6-5　社岗堤安全（浸润线）监测系统结构示意图

整套监测系统能对系统采集的监测数据及有关堤防安全信息进行自动获取、存储和分析处理，可实现以下六大功能：

（1）能自动对堤防各种安全监测数据信息作出分析判断，能按《土石坝安全监测技术规范》（SL 60—94）和《土石坝监测资料整编办法》对堤防安全监测资料进行整编分析，对出现的各种异常情况自动进行报警提醒。

（2）可视化系统管理。系统设置界面方便直观；可任意扩展测点所需属性，能满足未来系统扩充需要。

（3）全自动物理量转换。原始数据在入库过程中自动完成物理成果量转换，无须专门转换过程；每个测点可以配置任意多套物理量转换参数，为更换仪器提供最大的方便。

（4）界面类似 Windows 资源浏览器，用户无须培训即可轻松上手；所有数据输出、分析模型、系统工具、文档等系统资源都一览无余。

（5）软件自动升级。软件升级时自动修改数据库结构、自动恢复系统信息，使升级非常方便。

（6）数据输出制作。用户可自己创建报表、多点过程线、测值分布图、相关图等数据输出，按自己所需设定输出界面；创建的数据输出可存储供以后工作需要使用；可实现报表批量输出，可选择一批报表自动打印。

6.4　小结

社岗堤工程建设通过采用互联网、大数据、智能感知、高清视频、无线 WiFi 等现代信息技术，实现了堤防管理智能化，建成了智慧堤防。

（1）实现了智能监控系统全覆盖。该系统采用红外数字高清视频监控技术，全线布设21台高清摄像机和4个工业级无线AP点，与管理处综合平台和广东水利视频监控平台无缝对接；开发了防洪水位自动分析程序，搭建了防洪预警平台。系统同时实现了实时防洪水位预警和手机短信报警、对社岗堤管理状况远程巡查查看、24h不间断全天候治安监控并视频联动；采用具有超链接功能的平台电子地图，能设定报警防区，视频同时联动，点击平面布置图中重要设备或设施，同时监视该设备的多个摄像机将会多角度显示该实时视频，精准查看现场，实现堤防管理可视化、远程化。

（2）实现了堤防渗流监测智能化。全套系统由在线主机、数据备份主机、测控装置、传感器、数传电台、电源、仪器电缆、数据采集、信息管理软件和辅助决策系统等组成。系统采用太阳能供电，节能环保，并解决了工程地处雷区的防雷问题；全套系统实现了自动采集数据、自动传输、自动存储、自动分析、自动打印报表、自动报警预警，可全天候掌握堤防浸润线情况，确保堤防安全。

第7章　工程质量检查与效果分析

7.1　防渗墙质量检查概述

7.1.1　质量检查主要内容

塑性混凝土防渗墙施工质量检查一般包括：塑性混凝土浇筑工序质量检查、塑性混凝土取样（含抗压强度试块、弹性模量试块、抗渗性能试块）检测、塑性混凝土性能检测和塑性混凝土墙体检测。塑性混凝土浇筑工序质量检查主要由施工单位与监理单位负责，这里主要论述塑性混凝土防渗墙墙体材料、塑性混凝土取样性能检测和完成后的墙体质量检查。

塑性混凝土防渗墙墙体取样检测应遵循的基本原则有：一是混凝土成型试件应在防渗墙槽孔口现场取样；二是抗压强度试件每个墙段至少成型1组，大于500m²墙段至少成型2组，抗渗性能试件每8～10个墙段成型1组；三是薄墙抗压强度试件每5个墙段成型1组，抗渗性能试件每20个墙段1组；四是弹性模量的试件根据设计要求和实际需要确定。

塑性混凝土防渗墙墙体质量检查应在浇筑成墙28d后进行。墙体质量检查应包括下列内容：①墙体的均匀性、完整性、密实性及墙厚；②墙体抗压强度、弹性模量、变形模量、渗透系数、渗透破坏坡降等物理力学性能指标；③墙段连接质量，墙体与周边地基、岩体的接触质量。

7.1.2　质量检查主要方法

根据《现浇塑性混凝土防渗芯墙施工技术规程》（JGJ/T 291—2012）和《水利水电工程混凝土防渗墙施工技术规范》（SL 174—2014）等有关规定，塑性混凝土防渗墙墙体质量应根据墙体形式、厚度、强度以及检测设备采用下列一种或几种方法检测：①钻孔取芯检查；②注（压）水试验检查；③开挖检查；④无损检测。

进行墙体的钻孔取芯检查，应该做到：

（1）强度小于3.0MPa和墙厚小于400mm的墙体，不宜进行钻孔取芯和压水试验。

（2）钻孔应位于墙体轴线上，孔位应随机布置，且宜在墙段接头处布置部分骑缝直孔和穿过墙段接缝的斜孔。

（3）每10个施工槽孔应有一个检查孔，每个标段的检查孔不应少于3个，或根据验收要求确定。

（4）取芯钻孔应与注水试验孔相结合；进行注水试验的检查孔应有部分骑缝钻孔。

（5）检查孔孔径不应大于墙厚的1/3，宜为91～130mm。

（6）防渗芯墙留下的检查孔应及时用0.5∶1的微膨胀水泥浆或水泥砂浆回填。

注水试验是塑性混凝土防渗墙防渗效果检验的重要和关键指标，进行注水试验时，应符合：①采用操作简单、试验迅速、水头压力较小的钻孔注水试验方法；②墙厚大于400mm、抗压强度大于3MPa的塑性混凝土防渗芯墙可采用钻孔压水试验，但压水试验的压力不能造成墙体破坏。

社岗堤项目最主要的工程措施是采用塑性混凝土防渗墙进行防渗加固，解决社岗堤存在的管涌、渗漏和堤后沼泽化等问题。塑性混凝土防渗墙施工质量如何，直接关系到加固工程任务实现，关系到社岗堤的工程安全、防洪安全，关系到工程实施效果是否可靠。该工程质量检测和效果分析主要围绕塑性混凝土强度、渗透系数的质量评价及测压管（浸润线）观测成果进行。

根据设计单位提出的社岗堤塑性混凝土防渗墙设计控制指标，该工程塑性混凝土防渗墙厚度为60cm，塑性混凝土设计强度值为1～5MPa，抗渗等级为W6，允许渗透比降 $[J]$ 为60～80。

7.2 防渗墙试件强度检测

7.2.1 原材料及中间产品检测

根据《水利水电工程质量检测管理规定》及相关规程规范和第三方质量检测合同的规定，广东省水利水电科学研究院（广东省水利水电工程质量检测中心站）负责飞来峡水利枢纽社岗防护堤除险加固工程施工期（含保修期）质量100％第三方检测工作，包含该工程施工阶段及验收阶段的各项验收（及质量评定）所必需的全部质量检测工作（不含施工方为满足工程质量自控和工艺要求，而进行的配合比试验、施工工艺及质量控制试验）。

检测对象：包括（但不限于）工程原材料、中间产品、实体质量。主要有：钢材、水泥、砂石骨料、沥青等原材料；砂浆试块、混凝土试块、预制构件等中间产品；填土、砌石、地基处理及基桩、防渗墙等实体质量。

原材料的检测主要有：水泥、外加剂、粉煤灰、钢筋等原材料运到工地，施工单位首先出示出厂合格证和品质保证书等；然后检测单位根据实际的进货数量进行取样，经监理见证确认，检测试验室检测合格后方准使用于工程。

该工程进行的原材料检测情况见表7-1。质检项目站通过对各种原材料的检测成果进行分析，确认用于工程的原材料质量合格。

表7-1　　　　　社岗堤塑性混凝土防渗墙原材料取样检测情况

序　号	检测材料	检测数量/组	合　格　数
1	水泥	59	59
2	砂	98	98
3	碎石	133	133
4	膨润土	54	54
5	外加剂	6	6
6	粉煤灰	29	29
7	河砂筛分定名	37	37

中间产品中，与防渗墙有关的就是塑性混凝土拌和物。中间产品的检测情况见表 7 - 2。质检项目站通过对检测成果进行分析，确认用于工程的中间产品均达到相应标准或设计要求。

表 7 - 2 社岗堤塑性混凝土防渗墙中间产品取样检测情况

序号	检测材料或项目	工程部位	检测数量/组	合格数	备 注
1	塑性混凝土抗压强度		563	563	设计值：C1~C5
2	塑性混凝土弹性模量	防渗墙	1	1	设计值：$n\times$
3	塑性混凝土渗透系数		188	188	$10^{-6}\sim n\times$ 10^{-8}cm/s

7.2.2 塑性混凝土防渗墙试件检测

社岗堤加固工程塑性混凝土防渗墙从 2014 年 11 月 17 日开始浇筑，至 2015 年 3 月 22 日全部完成，总长 3610m，混凝土总方量 66935m³（按一定扩大系数折算后）。该工程采取百分之百的第三方质量检测，按照规范要求，第三方检测单位广东省水利水电工程质量检测中心站总共随机取样 563 组，其中第 1 次塑性混凝土配合比总浇筑方量为 35268m³（占总量的 52.7%），随机取样 266 组试块；第 2 次配合比总浇筑方量为 31667m³（占总量的 47.3%），随机取样 297 组试块。由于采用了两次配合比成果，因此对塑性混凝土质量检测成果亦分两组进行分析，见表 7 - 3。

表 7 - 3 社岗堤塑性混凝土防渗墙试样质量检测表

项 目	浇筑量/m³	取样数量/组	28d 强度均值/MPa	28d 最小值/MPa	28d 最大值/MPa	标准差	离差系数 C_v
总体质量情况	66935	563	2.71	1.40	4.8	0.51	0.19
第 1 次配合比	35268	266	2.61	1.40	4.8	0.52	0.20
第 2 次配合比	31667	297	2.8	2.0	4.5	0.48	0.17

从上述两种塑性混凝土配合比实际取样试块质量检测成果分析已经看出：采用第 1 次配合比的塑性混凝土离差系数为 0.20，采用第 2 次配合比的塑性混凝土离差系数为 0.17，表明第 2 次配合比的混凝土质量更均匀，其 28d 强度最大值较小，最小值较大。社岗堤塑性混凝土防渗墙平均抗压强度为 2.71MPa，最大、最小检测值均在设计指标值 1~5MPa 范围内，离差系数 C_v 值为 0.19，小于规定的 0.25，优于《水利水电工程混凝土防渗墙施工技术规范》（SL 174—2014）规定的优秀标准。

7.3 防渗墙防渗质量检测

7.3.1 检测部位选定

第三方检测单位广东省水利水电工程质量检测中心站于 2015 年 1 月 26 日至 3 月 27

日，对飞来峡水利枢纽社岗堤工程塑性混凝土防渗墙墙体质量进行检测。

由于社岗堤防渗墙抗压强度普遍小于 3MPa，且经现场试验钻探取样，不能完整钻取芯样，因此根据《水利水电工程混凝土防渗墙施工技术规范》（SL 174—2014）第 13.0.8 条和《现浇塑性混凝土防渗芯墙施工技术规程》（JGJ/T 291—2012）第 9.4 条有关规定，"对于塑性混凝土，由于其强度很低，取芯率高低以及试验数据不能直接作为评判质量的标准"，"可在墙体上部做注水试验，也可以提前下设预埋管，通过注水检查预埋管下部某段的渗透指标"；"对强度小于 3MPa 的塑性混凝土墙体，不宜进行钻孔取芯和压水试验"；为此，该工程总监理工程师召集设计单位、监理单位、质量监督站、建设单位和施工单位等开会研究确定，该工程塑性混凝土防渗墙墙体质量以进行钻孔注水试验检测渗透系数是否满足设计要求为主（设计渗透系数为 $n \times 10^{-6} \sim n \times 10^{-8}$ cm/s）。

按照《监理通知》的有关要求，第三方检测单位根据塑性混凝土防渗墙体质量抽检的随机性，并特别关注防渗墙段接缝处的防渗质量，专门抽取了一定数量的防渗墙施工接缝（占总检测量的 38%）进行渗透系数检测。该工程塑性混凝土防渗墙墙体质量检测共 29 槽孔，其中接缝处墙段 11 槽孔。所有检测槽号分别为 7 号与 8 号接缝（Ⅰ-4 与 Ⅱ-4）、25 号（Ⅰ-13）、44 号（Ⅱ-22）、64 号与 65 号接缝（Ⅱ-32 与 Ⅰ-33）、84 号（Ⅱ-42）、106 号与 107 号接缝（Ⅱ-53 与 Ⅰ-54）、121 号（Ⅰ-61）、127 号（Ⅰ-64）、141 号（Ⅰ-71）、166 号与 167 号接缝（Ⅱ-83 与 Ⅰ-84）、185 号（Ⅰ-93）、202 号（Ⅱ-101）、226 号与 227 号接缝（Ⅱ-113 与 Ⅰ-114）、243 号（Ⅰ-122）、265 号与 266 号接缝（Ⅰ-133 与 Ⅱ-133）、283 号（Ⅰ-142）、300 号与 301 号接缝（Ⅱ-150 与 Ⅰ-151）、320 号（Ⅱ-160）、339 号（Ⅰ-170）、356 号（Ⅱ-178）、373 号与 374 号接缝（Ⅰ-187 与 Ⅱ-187）、395 号（Ⅰ-198）、412 号（Ⅱ-206）、433 号与 434 号接缝（Ⅰ-217 与 Ⅱ-217）、455 号（Ⅰ-228）、478 号（Ⅱ-239）、498 号与 499 号接缝（Ⅱ-249 与 Ⅰ-250）、517 号（Ⅰ-259）、534 号与 535 号接缝（Ⅱ-267 与 Ⅰ-268）。

现场检测过程由质量监督站、监理单位、设计单位、施工单位和建设单位等派员现场见证、协助检测工作，确保检测过程独立、随机、科学、公正。

7.3.2 注水试验检查

（1）试验依据主要有：《水利水电工程注水试验规程》（SL 345—2007）、《水利水电工程混凝土防渗墙施工技术规范》（SL 174—2014）、《现浇塑性混凝土防渗芯墙施工技术规程》（JGJ/T 291—2012）。

（2）注水试验工作内容：注水试验段全为防渗墙墙体，通过钻孔向试验段注水，以确定防渗墙墙体的渗透系数，试验采用常水头注水试验。

（3）现场注水试验步骤：①采用地质钻机进行钻孔，钻孔直径为 120mm；②钻孔完成后，用清水清洗干净后进行注水试验，试验采用常水头法。

（4）钻孔常水头注水试验方法：

1）注水试验前，用水位计观测地下水水位，作为压力计算零线的依据。水位观测间隔为 5min，当连续两次观测数据变幅小于 10cm 时，即可结束水位观测，用最后一次观测值作为地下水水位计算值。

2）试验段隔离后，向套管内注入清水，使套管中水位高出地下水水位一定高度或至套管顶部作为初始水头值并保持不变，用流量计或量筒量测注入流量，按规范附录 A 表 A.0.3-1进行记录。

3）开始每隔5min 量测一次，连续测量 5 次；以后每隔20min 量测一次，并至少连续观测 6 次。

4）当连续 2 次量测的注入流量之差不大于最后一次注入流量的10%时，试验即可结束，取最后一次注入的流量作为计算值。

5）当试验段漏水量大于供水能力时，应记录最大供水量。

（5）试验资料整理：按相关计算公式计算注水试验段渗透系数。

（6）计算试验段的渗透系数。

1）当试验段位于地下水水位以下时，采用以下公式计算渗透系数：

$$K = \frac{16.67Q}{AH}$$

式中：K 为渗透系数，cm/s；Q 为注入流量，L/min；H 为试验水头值，cm，等于试验水位与地下水水位之差；A 为形状系数，cm，按规范附录 B 选用。

2）当试验段位于地下水水位以上，且 $50 \leqslant H/r < 200$、$H \leqslant 1$ 时，采用下式计算：

$$K = \frac{7.05Q}{lH} \lg \frac{2l}{r}$$

式中：K 为渗透系数，cm/s；Q 为注入流量，L/min；H 为试验水头值，cm；l 为试验长度，cm；r 为钻孔半径，cm。

（7）检测结果。第三方检测单位于 2015 年 1 月 26 日至 3 月 27 日，对飞来峡水利枢纽社岗堤除险加固工程塑性混凝土防渗墙墙体进行钻孔注水试验检测，共检测 29 孔（槽）59 试验段，钻孔进尺 304.90m。特别对两个槽段连接处进行了一定比例的注水检测，其注水试验成果见表 7-4，代表性注水试验段 Q-t 曲线如图 7-1～图 7-7 所示。

表 7-4　　　　　　　　社岗堤塑性混凝土防渗墙钻孔注水试验成果表

序号	试验段部位	试段编号	试段高程/m	试段长度/m	试验水头/m	注入流量/(L/min)	渗透系数（×10⁻⁷ cm/s）
1	7 号与 8 号接缝（Ⅰ-4 与Ⅱ-4）	1-1	23.70～28.70	5.0	4.70	0.0115	7.66
		1-2	18.70～23.70	5.0		0.0110	5.50
2	25 号（Ⅰ-13）	1-1	23.70～28.70	5.0	4.20	0.0105	7.83
		1-2	18.70～23.70	5.0		0.0093	5.20
3	44 号（Ⅱ-22）	1-1	23.70～28.70	5.0	4.70	0.0115	8.58
		1-2	18.20～23.70	5.5		0.0103	4.78
4	64 号与 65 号接缝（Ⅱ-32 与Ⅰ-33）	1-1	23.70～28.70	5.0	4.70	0.0098	6.50
		1-2	18.60～23.70	5.1		0.0140	6.89

序号	试验段部位	试段编号	试段高程/m	试段长度/m	试验水头/m	注入流量/(L/min)	渗透系数(×10⁻⁷cm/s)
5	84 号（Ⅱ-42）	1-1	23.70～28.70	5.0	4.70	0.0035	2.33
		1-2	16.70～23.70	7.0		0.0025	0.96
6	106 号与 107 号接缝（Ⅱ-53 与 Ⅰ-54）	1-1	23.70～28.70	5.0	4.70	0.0065	4.33
		1-2	18.40～23.70	5.3		0.0050	2.39
7	121 号（Ⅰ-61）	1-1	21.20～26.20	5.0	3.50	0.0080	7.16
		1-2	15.70～21.20	5.5		0.0025	1.56
8	127 号（Ⅰ-64）	1-1	20.40～26.20	5.8	2.70	0.0080	8.23
		1-2	15.40～20.40	5.0		0.0018	1.57
		1.3	10.40～15.40	5.0		0.0048	4.17
9	141 号（Ⅰ-71）	1-1	21.20～26.20	5.0	2.20	0.0055	7.83
		1-2	16.70～21.20	4.5		0.0045	5.21
10	166 号与 167 号接缝（Ⅱ-83 与 Ⅰ-84）	1-1	23.70～28.70	5.0	4.70	0.0115	7.67
		1-2	18.50～23.70	5.2		0.0115	5.57
11	185 号（Ⅰ-93）	1-1	23.70～28.70	5.0	4.70	0.0055	3.67
		1-2	15.50～23.70	8.2		0.0013	0.44
12	202 号（Ⅱ-101）	1-1	23.40～28.70	5.3	4.70	0.0055	3.50
		1-2	17.50～23.40	5.9		0.0133	5.84
13	226 号与 227 号接缝（Ⅱ-113 与 Ⅰ-114）	1-1	23.70～28.70	5.0	4.70	0.0100	6.67
		1-2	18.20～23.70	5.5		0.0055	2.55
14	243 号（Ⅰ-122）	1-1	23.20～28.70	5.5	4.70	0.0090	5.56
		1-2	18.20～23.20	5.0		0.0070	3.50
15	265 号与 266 号接缝（Ⅰ-133 与 Ⅱ-133）	1-1	23.70～28.70	5.0	4.70	0.0085	5.67
		1-2	18.60～23.70	5.1		0.0055	2.71
16	283 号（Ⅰ-142）	1-1	23.20～28.70	5.5	4.70	0.0070	4.32
		1-2	17.00～23.20	6.2		0.0115	4.86
17	300 号与 301 号接缝（Ⅱ-150 与 Ⅰ-151）	1-1	23.90～28.70	4.8	4.70	0.0045	3.10
		1-2	18.60～23.90	5.3		0.0050	2.39

序号	试验段部位	试段编号	试段高程/m	试段长度/m	试验水头/m	注入流量/(L/min)	渗透系数(×10⁻⁷cm/s)
18	320 号（Ⅱ-160）	1-1	23.40～28.70	5.3	4.70	0.0105	6.68
		1-2	18.00～23.40	5.4		0.0105	4.94
19	339 号（Ⅰ-170）	1-1	23.40～28.70	5.3	4.70	0.0155	9.86
		1-2	18.20～23.40	5.2		0.0050	2.42
20	356 号（Ⅱ-178）	1-1	23.70～28.70	5.0	4.70	0.0125	8.33
		1-2	18.50～23.70	5.2		0.0100	4.85
21	373 号与 374 号接缝（Ⅰ-187 与Ⅱ-187）	1-1	23.40～28.70	5.3	4.70	0.0150	9.54
		1-2	18.20～23.40	5.2		0.0078	3.78
22	395 号（Ⅰ-198）	1-1	23.60～28.70	5.1	4.70	0.0068	4.43
		1-2	20.20～23.60	3.4		0.0053	3.55
23	412 号（Ⅱ-206）	1-1	23.70～28.70	5.0	4.70	0.0040	2.67
		1-2	21.20～23.70	2.5		0.0030	2.54
24	433 号与 434 号接缝（Ⅰ-217 与Ⅱ-217）	1-1	23.70～28.70	5.0	4.70	0.0105	7.00
		1-2	18.70～23.70	5.0		0.0075	3.75
25	455 号（Ⅰ-228）	1-1	23.70～28.70	5.0	4.70	0.0060	4.00
		1-2	18.30～23.70	5.4		0.0045	2.12
26	478 号（Ⅱ-239）	1-1	23.70～28.70	5.0	4.70	0.0085	5.67
		1-2	18.60～23.70	5.1		0.0070	3.44
27	498 号与 499 号接缝（Ⅱ-249 与Ⅰ-250）	1-1	23.70～28.70	5.0	4.70	0.0100	6.67
		1-2	18.70～23.70	5.0		0.0075	3.75
28	517 号（Ⅰ-259）	1-1	23.70～28.70	5.0	4.70	0.0075	5.00
		1-2	18.40～23.70	5.3		0.0075	3.58
29	534 号与 535 号接缝（Ⅱ-267 与Ⅰ-268）	1-1	23.50～28.70	5.2	4.70	0.0085	5.49
		1-2	18.70～23.50	4.8		0.0075	3.87

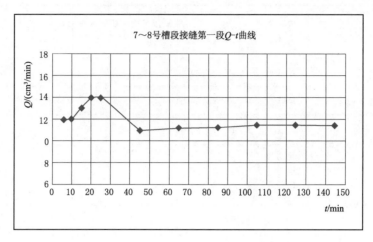

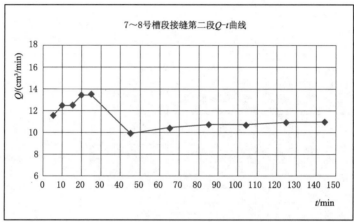

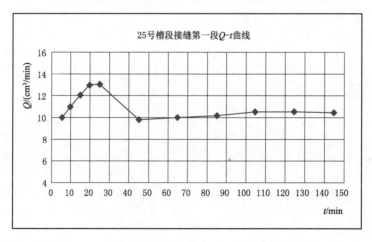

图 7-1 社岗堤防渗墙检测钻孔 7~8 号、

25 号注水试验段 Q-t 曲线

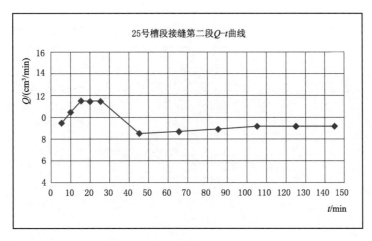

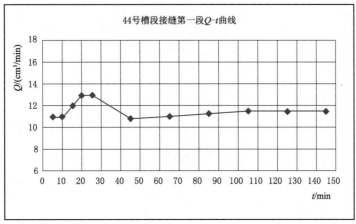

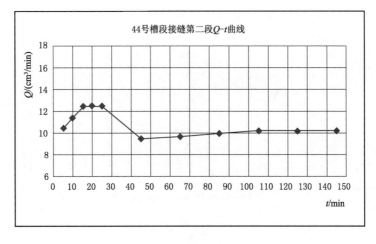

图 7-2　社岗堤防渗墙检测钻孔 25 号、44 号
注水试验段 Q-t 曲线

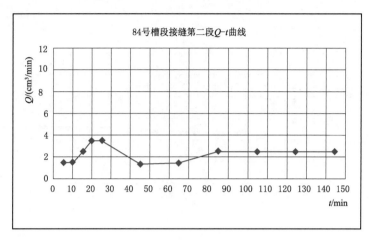

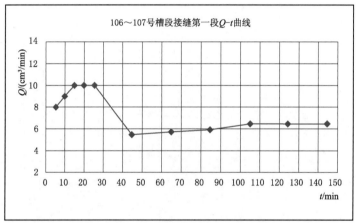

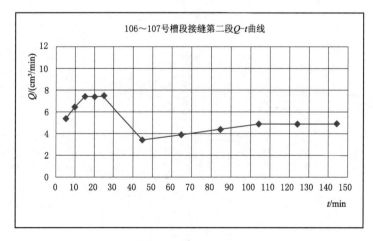

图 7 - 3　社岗堤防渗墙检测钻孔 84 号、106～107 号
注水试验段 Q - t 曲线

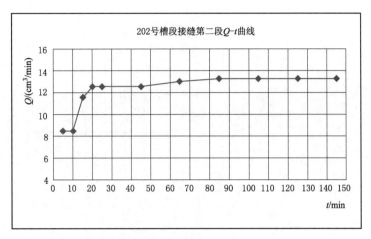

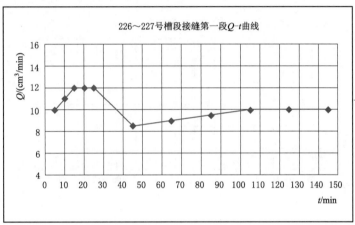

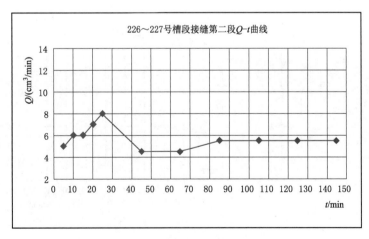

图 7 - 4　社岗堤防渗墙检测钻孔 202 号、226～227 号
注水试验段 Q - t 曲线

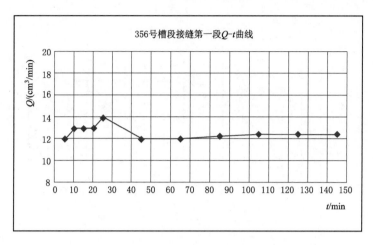

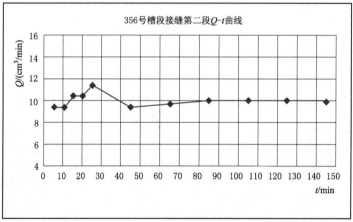

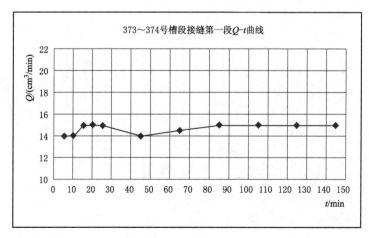

图 7 - 5 社岗堤防渗墙检测钻孔 356 号、373～374 号

注水试验段 Q - t 曲线

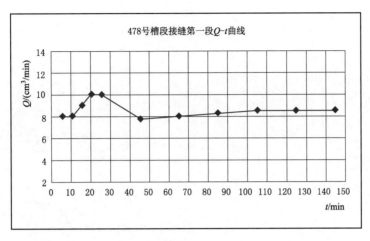

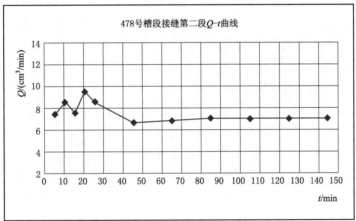

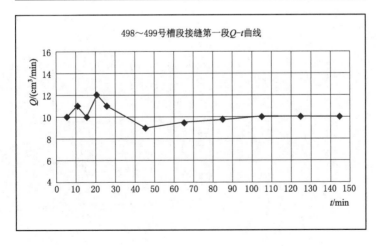

图 7 - 6　社岗堤防渗墙检测钻孔 478 号、498～499 号
注水试验段 Q-t 曲线

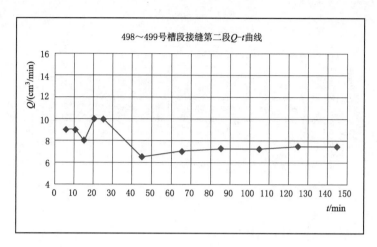

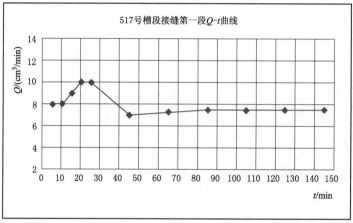

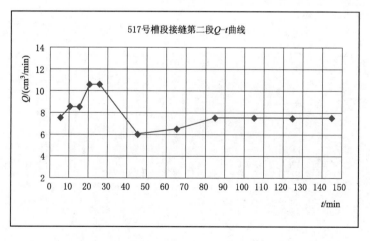

图 7-7 社岗堤防渗墙检测钻孔 498～499 号、
517 号注水试验段 Q-t 曲线

从表 7-4 中的检测结果可知，社岗堤塑性混凝土防渗墙各试验段渗透系数介于 $4.40 \times 10^{-8} \sim 9.86 \times 10^{-7}$ cm/s，大部分为 $n \times 10^{-7}$ cm/s（$n=1 \sim 9$），所有检测槽段的塑性混凝土防渗墙渗透系数均满足设计要求。

从上述试验成果 $Q-t$ 曲线可知：通过对社岗堤除险加固工程塑性混凝土防渗墙墙体的钻孔注水试验检测，防渗墙各段渗透系数为 $4.40 \times 10^{-8} \sim 9.86 \times 10^{-7}$ cm/s，采用新工法施工的两个墙段的接缝处，其渗透系数也在设计指标内，均满足设计要求（$n \times 10^{-6} \sim n \times 10^{-8}$ cm/s）。

7.4　运行监测效果分析

7.4.1　运行情况综述

飞来峡社岗堤工程于 2014 年 9 月 19 日开工，主体工程塑性混凝土防渗墙于 2014 年 10 月 11 日开始浇筑，2015 年 3 月 22 日塑性混凝土防渗墙全部完工，所有土建工程施工于 2016 年 7 月 7 日完工。根据初步设计批复文件，社岗防护堤加固建设主要任务为采用塑性混凝土防渗墙进行防渗，因此社岗堤安全监测项目重点是渗流和渗流量。

渗流监测设备为测压管（UP3），渗流量监测设备为量水堰（WE）。加固工程实施时重新布设了浸润线观测断面，增设了一个浸润线观测断面（1+300），调整了原浸润线观测断面测点的布设位置，相关测点布设位置可见示意图（图 7-8）。社岗堤加固后，原来的量水堰已经没有形成渗流，渗流消失。加固后的浸润线观测断面比加固前增加一个，共布设 5 个观测断面，分别在 0+750、1+300、2+450、2+900、3+500 断面上布设测压管，每个断面设置 4 支测压管，上游 1 支，下游 3 支。渗流监测主要是通过浸润线观测断面0+750、1+300、2+450、2+900、3+500 的共 20 支测压管进行。

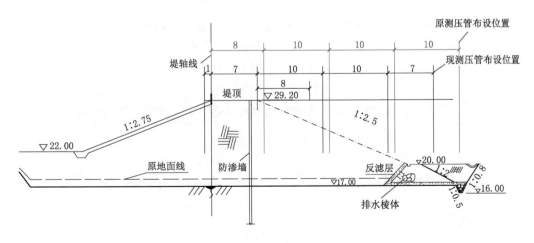

图 7-8　社岗堤加固前后测压管布设位置示意图（单位：m）

7.4.2 渗流观测情况

为检验社岗堤塑性混凝土防渗墙建成后的防渗效果，管理单位持续对堤防布设的全部
5 个断面进行了渗流监测，监测表明堤后原来的沼泽化消失，已无渗透明流。现选取塑性
混凝土防渗墙刚刚完成当年（2015 年）和完成 4 年后（2018 年）的渗透监测情况进行分
析，以便更客观地说明塑性混凝土防渗墙的防渗效果。

1. 社岗堤塑性混凝土防渗墙建成后第 1 年（2015 年）测压管观测成果

2015 年社岗堤原来布设的测压管浸润线在加固工程 2014 年 9 月 19 日开工后停止
观测，至主体工程完工后，社岗堤浸润线监测于 2015 年 9 月恢复测量。社岗堤渗流监测
主要是通过浸润线 5 个断面 0+750、1+300、2+450、2+900、3+500 的共 20 支测压管
进行，其中 1+300 断面为新设置观测断面。2015 年社岗堤各断面测压管监测情况如下
（图 7-9～图 7-22）。

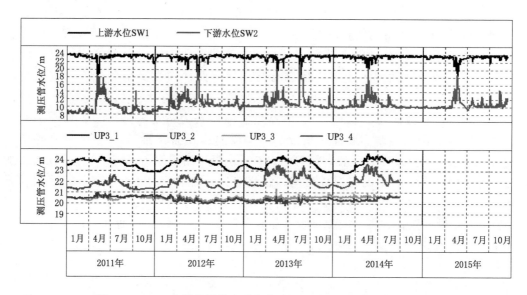

图 7-9　2015 年社岗堤设防渗墙前 0+750 断面测压管测值过程线

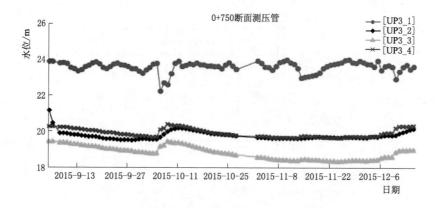

图 7-10　2015 年社岗堤设防渗墙后 0+750 断面测压管测值过程线

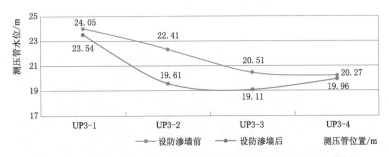

图 7-11　2015 年社岗堤 0+750 断面设防渗墙前后浸润线对比图

（1）0+750 断面。通过 0+750 断面测值过程线及浸润线对比图可以看出：该段迎水面测点 UP3-1 管内水位约为 23.5m，略低于库水位；背水坡测点在设置防渗墙后，管内水位出现了不同幅度的下降，其中以墙后测点 UP3-2 最为明显，下降幅度约为 2.5m，UP3-3 下降幅度约为 1.5m，UP3-4 则与设墙前基本持平；同时，测点 UP3-4 管内水位高于 UP3-3，幅度约为 0.8m，初步判断为该断面坡脚与银英公路路基护坡连接，导致地面水汇集，排水不畅所致。

（2）1+300 断面。该浸润线观测断面为社岗堤塑性混凝土防渗墙建成后的新设置断面，通过 1+300 断面测值过程线可以看出：该段迎水面测点 UP3-5 管内水位约为 23.50m，略低于库水位；背水坡测点管内水位基本处于 19.50~20.00m。由于该断面为新设断面，故无设防渗墙前数据做比较（详见图 7-12~图 7-13）。

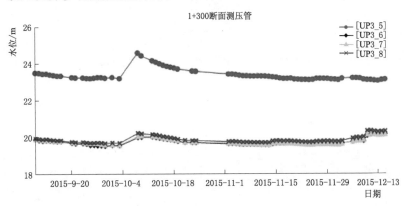

图 7-12　2015 年社岗堤设防渗墙后 1+300 断面测压管测值过程线

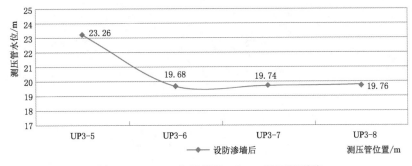

图 7-13　2015 年社岗堤 1+300 断面浸润线

（3）2+450 断面。通过 2+450 断面测值过程线和浸润线对比图（图 7-14～图 7-16）可以看出：该段迎水面测点 UP3-10 管内水位约为 23m，略低于库水位；背水坡测点在设置防渗墙后，管内水位出现了不同幅度的下降，其中以墙后测点 UP3-10 最为明显，下降幅度为 3.56m，UP3-11 下降幅度为 0.83m，UP3-12 下降幅度为 2.17m；测点 UP3-12 管内水位低于 UP3-11 管内水位，无再出现反坡现象。

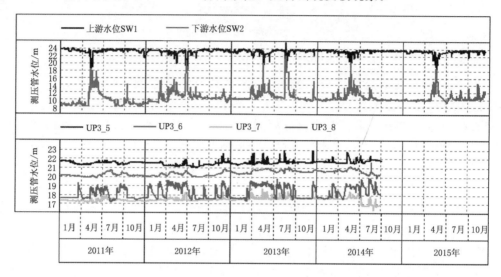

图 7-14　2015 年社岗堤设防渗墙前 2+450 断面测压管测值过程线

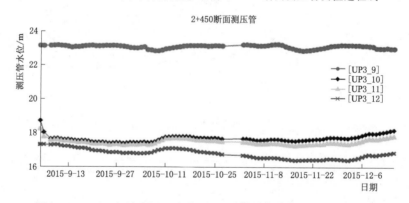

图 7-15　2015 年社岗堤设防渗墙后 2+450 断面测压管测值过程线

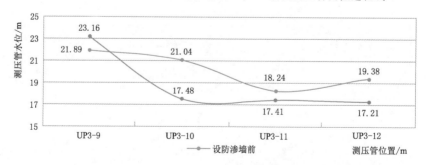

图 7-16　2015 年社岗堤 2+450 断面设防渗墙前后浸润线对比图

（4）2+900 断面。通过 2+900 断面测值过程线和浸润线对比图（图 7-17～图 7-19）可以看出：该段迎水面测点 UP3-13 管内水位约为 23m，略低于库水位；背水坡测点在设置防渗墙后，管内水位出现了不同幅度的下降，其中以墙后测点 UP3-14 较为明显，下降幅度约为 1m，UP3-15 下降幅度约为 0.5m，UP3-16 则与设防渗墙前基本持平。

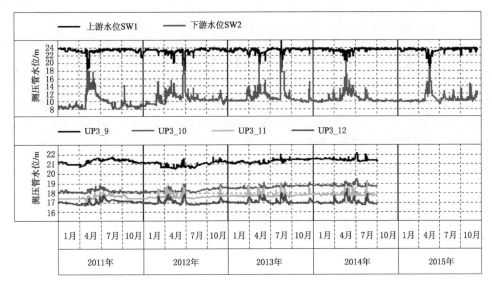

图 7-17　2015 年社岗堤设防渗墙前 2+900 断面测压管测值过程线

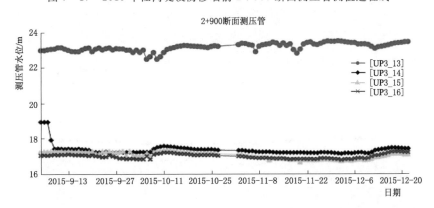

图 7-18　2015 年社岗堤设防渗墙后 2+900 断面测压管测值过程线

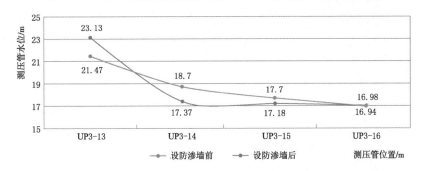

图 7-19　2015 年社岗堤 2+900 断面设防渗墙前后浸润线对比图

（5）3＋500 断面。通过 3＋500 断面测值过程线和浸润线对比图（图 7－33～图 7－35）可以看出：该段迎水面测点 UP3－17 管内水位约为 23m，略低于库水位；背水坡测点在设置防渗墙后，管内水位出现了不同幅度的下降，其中以墙后测点 UP3－18 较为明显，下降幅度约为 1.5m，UP3－19 下降幅度约为 0.5m，UP3－20 则与设防渗墙前基本持平。

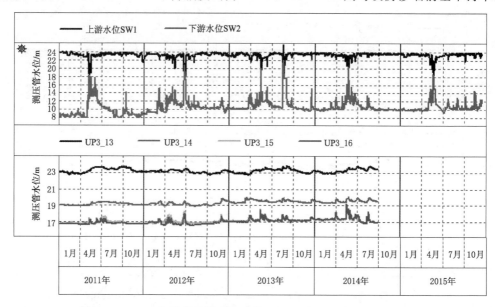

图 7－20　2015 年社岗堤设防渗墙前 3＋500 断面测压管测值过程线

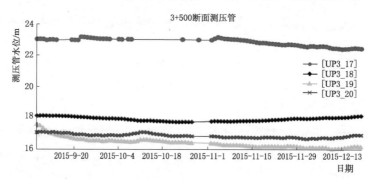

图 7－21　2015 年社岗堤设防渗墙前 3＋500 断面测压管测值过程线

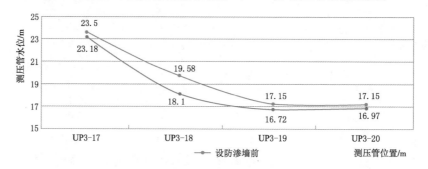

图 7－22　2015 年社岗堤 3＋500 断面设防渗墙前后浸润线对比图

综上，社岗防护堤在堤身内增设塑性防渗墙后，各断面浸润线均出现了较为明显的下降，可见防渗墙的增设对社岗防护堤起到了较好的防渗效果。

2. 2018 年社岗堤测压管对比观测成果

社岗堤塑性混凝土防渗墙于 2015 年汛期前完成后，经过 4 个汛期的考验，其防渗效果得到了进一步检验，现再对 2018 年社岗堤渗流监测进行对比分析，特别是对 1+300 新设断面进行了重点关注，同样通过全部 5 个断面 0+750、1+300、2+450、2+900、3+500 的共 20 支测压管进行监测，5 个断面的监测情况及其对比分析如下。

（1）0+750 断面。通过 0+750 断面测值过程线及浸润线测点水位对比图（图 7-23～图 7-25）可以看出：该段迎水面测点 UP3-1 管内水位约为 24m，略高于上游库水位，管内水位变化与上游库水位有所联动；背水坡测点在设置防渗墙后，管内水位出现了不同幅度的下降，墙后测点 UP3-2 下降幅度约为 2.8m，UP3-3 下降幅度约为 1.6m，UP3-4 下降幅度约为 0.5m；背水坡测点 UP3-2、UP3-3、UP3-4 管内水位较 2017 年变幅不大，变幅均约为 0.2m。

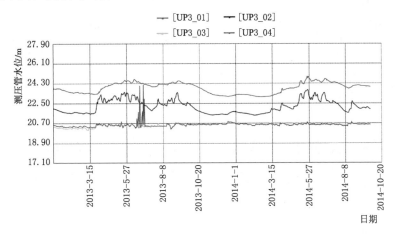

图 7-23　2018 年社岗堤设防渗墙前 0+750 断面测压管测值过程线

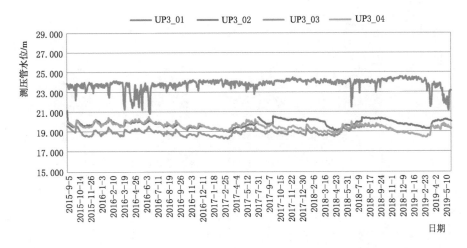

图 7-24　2018 年社岗堤设防渗墙后 0+750 断面测压管测值过程线

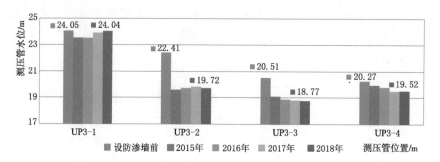

图 7-25　2018 年社岗堤 0+750 断面设防渗墙前后浸润线测点水位对比图

（2）1+300 断面。通过新设断面 1+300 的断面测值过程线及浸润线测点水位对比图（图 7-26～图 7-27）可以看出：该段迎水面测压管测点 UP3-5 管内水位约为 23.5m，管内水位变化与上游库水位联动不明显；背水坡测压管内水位基本处于 19.6～19.8m。该断面浸润线测点管内水位变化不大，均在 0.3m 以内。

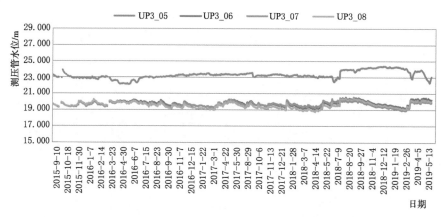

图 7-26　2018 年社岗堤设防渗墙后 1+300 断面测压管测值过程线

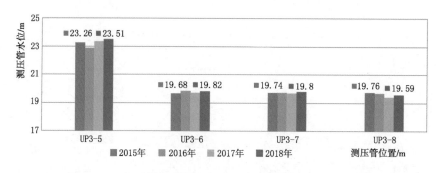

图 7-27　2018 年社岗堤 1+300 断面浸润线测点水位对比图

（3）2+450 断面。通过 2+450 断面测压管测值过程线及浸润线测点水位对比图（图 7-28～图 7-30）可以看出：该段迎水面测压管测点 UP3-9 管内水位约为 22.8m，管内水位变化与上游库水位有所联动；背水坡测点在设置防渗墙后，管内水位出现了不同幅度的下降，墙后测点 UP3-10 下降幅度约为 2.6m，UP3-11 下降幅度约为 0.4m，

UP3－12 下降幅度约为 1.7m；背水坡测点 UP3－10、UP3－11、UP3－12 管内水位较
2017 年变化相对稳定，均在 0.2m 以内。

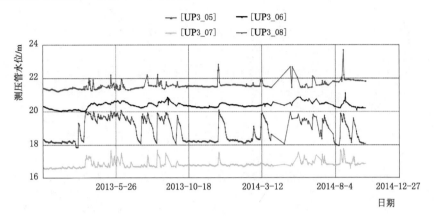

图 7－28　2018 年社岗堤设防渗墙前 2＋450 断面测压管测值过程线

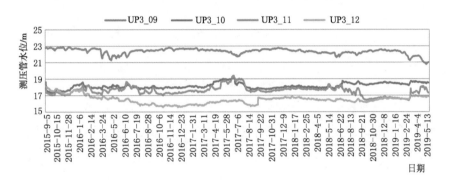

图 7－29　2018 年社岗堤设防渗墙后 2＋450 断面测压管测值过程线

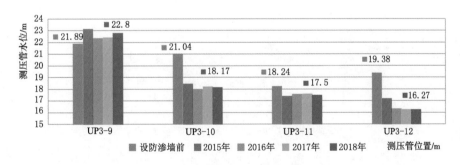

图 7－30　2018 年社岗堤 2＋450 断面设防渗墙前后浸润线测点水位对比图

（4）2＋900 断面。通过 2＋900 断面测压管测值过程线及浸润线测点水位对比图
（图 7－31～图 7－33）可以看出：该段迎水面测点 UP3－13 管内水位约为 23.6m，管内
水位变化与上游库水位有所联动；背水坡测点在设置防渗墙后，管内水位出现了不同幅度
的变化，墙后测点 UP3－14 下降幅度约为 1.6m，UP3－15 下降幅度约为 0.8m，UP3－
16 变幅不大，幅度约为 0.1m；背水坡测点 UP3－14 管内水位较 2017 年变化不大，变幅

在 0.2m 以内。

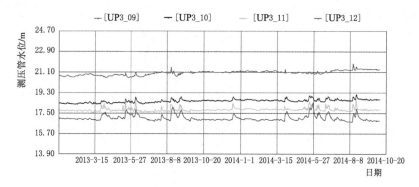

图 7-31　2018 年社岗堤设防渗墙前 2+900 断面测压管测值过程线

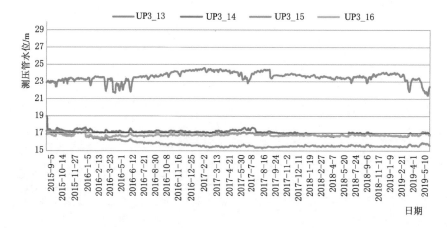

图 7-32　2018 年社岗堤设防渗墙后 2+900 断面测压管测值过程线

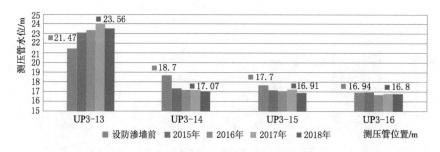

图 7-33　2018 年社岗堤 2+900 断面设防渗墙前后浸润线测点水位对比图

（5）3+500 断面。通过 3+500 断面测压管测值过程线及浸润线测点水位对比图（图 7-34～图 7-36）可以看出：该段迎水面测点 UP3-17 管内水位约为 22.4m，管内水位变化与上游库水位联动不明显；背水坡测点在设置防渗墙后，管内水位出现了不同幅度的下降，墙后测点 UP3-18 下降幅度约为 1.4m，UP3-19 下降幅度约为 0.6m，UP3-20 下降幅度约为 0.7m；背水坡测点 UP3-18 管内水位较 2017 年变化不大，变幅在 0.2m以内。

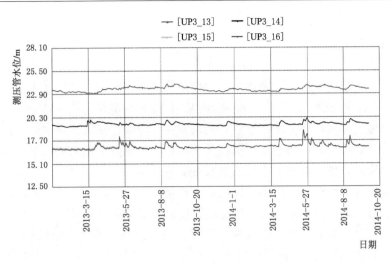

图 7 - 34　2018 年社岗堤设防渗墙前 3＋500 断面测压管测值过程线

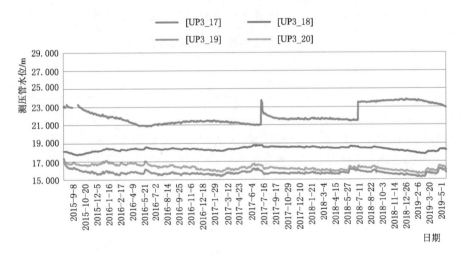

图 7 - 35　2018 年社岗堤设防渗墙后 3＋500 断面测压管测值过程线

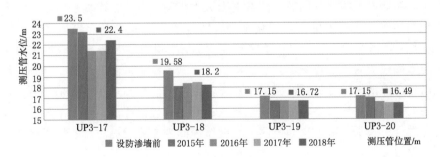

图 7 - 36　2018 年社岗堤 3＋500 断面设防渗墙前后浸润线测点水位对比图

综上，社岗防护堤在堤身内增设塑性防渗墙后，经过 4 年的运行观测，各断面浸润线均出现了较为明显的下降，且水位下降后变化较为稳定，可见防渗墙的增设对社岗防护堤起到了较好的防渗效果。

7.5 小结

根据对社岗堤塑性混凝土防渗墙试块实体质量的强度检测及墙体注水试验检测，并根据管理单位对社岗堤加固完成运行 4 年来的浸润线观测，可得出以下结论：

（1）社岗堤工程实行百分之百第三方质量检测，由项目法人（业主）通过公开招标方式选择符合资质要求的水利水电工程质量检测单位（广东省水利水电质量检测中心站）负责第三方质量检测，使社岗堤工程的质量检测始终做到独立、公平、公正，科学、严谨、合规。社岗防护堤塑性混凝土防渗墙完成总工程量 95018m²，共计 66935m³，实体质量由项目法人委托第三方检测单位随机取样抗压强度 563 组，弹性模量试块 1 组，渗透系数检测试块 188 宗，全部质量合格，塑性混凝土试块抗压强度均在 1～5MPa 范围内，28d 最大抗压强度为 4.8MPa，最小抗压强度为 1.4MPa，平均抗压强度为 2.71MPa，离差系数 C_V 为 0.19，根据《水利水电工程混凝土防渗墙施工技术规范》（SL 174—2014）的有关规定，社岗堤塑性混凝土防渗墙实体质量达到优秀标准。检测成果详见表 7-5。

表 7-5 社岗堤塑性混凝土防渗墙抗压强度检测成果

项目	浇筑量 /m³	取样数量 /组	28d 强度均值 /MPa	28d 最小值 /MPa	28d 最大值 /MPa	标准差	离差系数 C_V
总体质量	66935	563	2.71	1.4	4.8	0.51	0.19

（2）第三方检测单位按照规范要求对社岗防护堤除险加固工程塑性混凝土试块和防渗墙墙体进行钻孔注水试验检测，结果表明：社岗堤工程塑性混凝土防渗墙共检测 29 孔（槽）59 试验段，钻孔进尺 304.90m；塑性混凝土防渗墙各试验段渗透系数介于 $4.40 \times 10^{-8} \sim 9.86 \times 10^{-7}$ cm/s，绝大部分为 $n \times 10^{-7}$ cm/s（$n=1 \sim 9$），所有检测槽段的塑性混凝土防渗墙渗透系数均满足设计要求的 $10^{-6} \sim 10^{-8}$ cm/s，社岗堤防渗能力比加固前提高 100 倍以上。

（3）社岗堤管理单位对社岗堤加固完成后 4 年来的浸润线监测成果表明：社岗堤采用塑性混凝土防渗墙进行防渗加固后，防渗能力大大提高，对比社岗堤加固前，各断面浸润线均出现较明显下降，且水位下降变化平稳；防渗墙后浸润线下降趋势平稳，平均下降 2.14m，最大下降幅度 3.56m，最小下降幅度 1.29m。此外，从量水堰观察结果可知，塑性混凝土防渗墙建成后，已经测不到稳定渗流量，基本没有可测的渗量；此外，原来的堤后沼泽化已经全部消失。可见，社岗堤采用塑性混凝土墙加固后防渗效果显著，浸润线大大降低，达到了预期设计效果。堤防安全系数达到国家规范要求，建成了环境优美、生态优良、文化融合、人水和谐、自动监测、智能监控的生态智慧堤防，取得了显著社会经济效益和生态效益。

第8章　生态效益定量分析与计算

8.1　效益分析概述

水利工程效益是指建设水利工程设施所能获得的社会、经济、生态环境等各方面收益的总称。建设水利工程，需要投入建设资金和经常性的运行管理费，效益是上述两项投入的产出，是评价该水利工程项目是否可行的重要指标。水利工程效益分为社会效益、经济效益和生态环境效益。社会效益是指修建工程比无工程情况下，在保障社会安定、促进社会发展和提高人民福利方面的作用。经济效益是指有工程和无工程相比较所增加的财富或减少的损失，如提供生产用水使工农业增产所获得的收益，兴建防洪除涝工程所减少的洪涝灾害损失等。生态环境效益是指修建工程比无工程情况下，对改善水环境、气候等生态环境和生活环境所获得的利益。

水利工程效益的指标，一般以有工程和无工程对社会、经济和生态环境等方面作用的差别加以确定，通常用效能指标、实物指标、货币指标来表示。效能指标是指水利工程除害兴利能力的指标，如可削减的洪峰流量和拦蓄的洪水量，提高的防洪和除涝标准，增加的灌溉面积；实物指标是指水利工程设施可给社会增加提供的实物量，如可增产的粮食和经济作物，可增加提供的水量和电量等；货币指标是指用货币表示的上述效益指标，如每年减少的洪涝灾害经济损失数值，灌溉增产的货币价值等。以上三种表示方法，从不同的方面反映水利工程设施的效益。其中，货币效益指标便于相互比较，是评价该水利工程项目经济、财务、生态可行性的重要指标。

现行《水利建设项目经济评价规范》（SL 72—2013）和其他设计规范中，均只进行国民经济和财务评价。在效益计算中，现行规范中进行防洪（凌、潮）效益、治涝（碱、渍）效益、灌溉效益、城镇供水效益、乡村人畜供水效益、水力发电效益、航运效益等其他水利效益计算，基本没有对水利工程的生态效益进行定量评价计算的规定，有的只是定性的描述。社岗堤工程社会效益和生态效益显著，按照生态文明和绿色发展的原则进行方案比选，贯彻安全可行、生态优先的原则，其生态效益是非常显著的，本章主要从生态文明建设理念出发，探索和提出社岗堤工程的生态效益的计算范围、原则和定量计算方法，并最终计算出社岗堤工程的整个生态效益的定量值。

社岗堤工程任务为防洪，属于防洪工程，是飞来峡水利枢纽的重要组成部分。防洪工程本身不直接产生实物产品，没有直接的财务收入，不直接创造财富，而是消除洪水灾害，为社会提供公共安全服务，为受益区改善生产劳动条件和人民生活条件，对保障受益区人民群众生命财产安全，促进区域社会经济可持续发展具有重要作用，其效益渗透到社会经济和人民生活的许多方面。同时，社岗堤加固工程的目的是建设生态智慧堤防工程，其本身具有生态属性，建设过程中采用了大量的绿色生态与节能环保技术措施，在生态文明建设的背景下，对生态效益不应该仅仅停留在原来的定性分析，而应该积极探索堤防工

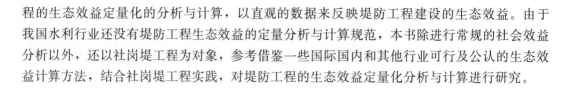

程的生态效益定量化的分析与计算，以直观的数据来反映堤防工程建设的生态效益。由于我国水利行业还没有堤防工程生态效益的定量分析与计算规范，本书除进行常规的社会效益分析以外，还以社岗堤工程为对象，参考借鉴一些国际国内和其他行业可行及公认的生态效益计算方法，结合社岗堤工程实践，对堤防工程的生态效益定量化分析与计算进行研究。

8.2　社会效益分析

飞来峡水利枢纽位于广东省北江干流中游清远市飞来峡镇境内，是一宗以防洪为主，兼有航运、发电和改善生态环境等多种效益的大（1）型水利工程，是北江中下游防洪体系的重要组成部分，水库与下游的北江大堤、芦苞水闸、西南水闸及琶江滞洪区联合运用，可将广州、佛山等防洪标准由 100 年一遇提高至 300 年一遇。飞来峡水利枢纽由拦河闸坝、主土坝、电站、船闸、副坝和社岗堤组成，社岗堤位于枢纽上游左岸，是飞来峡水利枢纽不可分割的重要组成部分，是形成飞来峡水库防洪库容的重要水工建筑物。

社岗堤除险加固工程设计洪水标准为 100 年一遇，其工程实施，将消除现有安全隐患，提高水库安全等级，使飞来峡水利枢纽防洪、航运、发电等综合效益得以正常发挥，使社岗防护区减免洪灾损失，并延长社岗堤工程使用年限，提高工程安全度，保障社岗堤防护区域内社会经济稳定和人民生命财产安全，改善区域投资环境，为工程区域社会经济的可持续发展提供可靠的防洪安全保障。

社岗堤防护区面积 41.4km²，保护人口 1.2 万人、农田约 1 万亩，捍卫国道 G240 线、京广铁路及区内工农业、交通等基础设施和人民群众生命财产安全。按照社岗堤加固工程 2015 年完工后保护区内 GDP 考虑，社岗堤的防洪减灾效益，体现为直接保护防护区域的国内生产总值约 6.1 亿元。

8.3　生态效益分析

8.3.1　生态效益概念及其含义

生态效益是指人们在生产实践过程中依据生态平衡规律，使区域内的生态系统对人类的生产、生活条件及环境条件产生有益的影响和有利效果。生态效益从狭义角度而言是指生态环境中的诸物质要素，在满足人类社会生产和生活过程中所发挥的作用。从相关因素关系而言，生态效益指人类各项活动创造的经济价值与消耗的资源及产生的环境影响的比值。生态效益概念隐含着从生态与经济两个维度考虑环境问题，在两者之间做一个最佳的配置；在进行经济和其他活动时，在创造经济价值时，尽量减少资源消耗和对生态环境的冲击。

水利工程生态效益是指工程覆盖（受益）区域范围内实施水利工程后与工程实施前，或者与同时期周边区域的生态系统相比较，所产生的有益的影响和有利效果是多少。

8.3.2　生态效益定量计算范围

水利工程生态效益定量计算涵盖工程受益覆盖区域范围内陆域、水域、水陆交错带生态系统，以及工程建设采用的生态技术方案和生态措施部分。

1. 陆域生态系统生态效益指标

陆域生态系统生态效益指标主要包括：①涵养水源：植被与土壤的涵养功能；②保土防风：保持土壤、降低泥沙淤积、保护农作物与果树等；③调节气候：降温、增湿作用；④固碳释氧：固定 CO_2、释放 O_2；⑤净化大气环境：滞尘、吸收 VOC 与 SO_2 等；⑥消除噪声：减弱、去除噪声；⑦生物多样性保护：生产力、物种保育、生态系统保育；⑧游憩：生态旅游价值。

2. 水域生态系统生态效益指标

水域生态系统生态效益指标主要包括：①生物生产力：鱼类等水生生物；②沉积物与净污：生物净化作用；③调节气候：降温、增湿作用；④固碳释氧：固定 CO_2、释放 O_2；⑤生物多样性保护：物种保育、生态系统保育；⑥游憩：生态旅游（包括游钓业）价值。

3. 水陆交错带生态系统生态效益指标

水陆交错带生态系统生态指标主要包括：①截留和净污：截留污染物、净化水质；②保土护堤：降低泥沙淤积、防风；③调节气候：降温、增湿作用；④固碳释氧：固定 CO_2、释放 O_2；⑤净化大气环境：滞尘、吸收 VOC 与 SO_2 等；⑥消除噪声：减弱、去除噪声；⑦生物多样性保护：物种保育、生态系统保育。

8.4　生态效益定量计算

8.4.1　生态效益计算范围分析

社岗堤工程任务是防洪，任务比较单一，主要建设目的是防渗加固，是在原有堤防上加固，因此该工程建设不涉及水域生态系统生态效益、水陆交错带生态系统生态效益的计算。其生态效益的计算范围主要包括以下两方面内容：

（1）工程方案的生态效益，包括堤防加固采用节能减排生态设计工程方案而产生的生态效益和采用节能设备等而产生的生态效益。这部分生态效益不计入加固后工程运行期生态效益，只作为建设期项目节能减排的生态效益。

（2）该工程陆生生态系统的生态效益，即项目采用的生态绿化和水土保持等措施产生的生态效益。这部分生态效益作为加固工程完成后常态的生态效益，是工程运行期年平均生态效益。

根据社岗堤工程实际，这里考虑的陆域生态系统生态效益指标主要包括：①涵养水源：植被与土壤的涵养水功能；②保土价值；③调节气候：降温、增湿作用；④固碳释氧：固定 CO_2、释放 O_2；⑤净化大气环境：滞尘、吸收 SO_2 等；⑥游憩：生态旅游价值。

对于消除噪声、生物多样性保护等生态效益，由于社岗堤工程是在原有堤防上加固，基本不影响生物多样性，且地势空旷，忽略不计此两项生态效益。

8.4.2　工程方案生态效益计算

社岗堤加固工程最主要内容就是堤防防渗方案的确定，根据生态堤防的建设思路，按照安全可靠、生态优先的原则，在主体工程加固技术方案比选中，打破传统的"技术、经济"两因素比选方法，采用"技术、生态、经济"三因素比选的新方法，选择了塑性混凝土防渗墙生态加固方案。

1. 工程加固生态方案比选

社岗堤工程任务为防洪，除险加固建设任务主要是消除管涌、渗漏、堤后沼泽化等安全隐患，因此其主要加固措施应围绕防渗措施来展开。堤防常规垂直防渗加固技术措施主要有：劈裂灌浆、高压喷射灌浆（包括定喷、摆喷和旋喷）、塑性混凝土防渗墙、普通混凝土防渗墙等多种方法。但由于劈裂灌浆方案耐久性较差，主要适用于堤（坝）身的加固，不适合基础防渗，因此方案比选主要考虑高喷灌浆、塑性混凝土混凝土和普通混凝土防渗墙三个方案，从技术、经济、生态等方面进行方案比选（详见表 8-1、表 8-2）。

表 8-1　　　　　　　　　社岗堤工程三种防渗技术经济方面比较

防渗方法	技术特点及适应性	工程造价/万元
高喷灌浆	工效较高，适应性好，渗透系数 $10^{-5}\sim10^{-6}$ cm/s，防渗效果较好，但施工技术要求高，特别是旋喷质检较困难。一定程度上有利水力平衡、地下水补给和生态环境。适用于粉土、砂土、砂砾土等松散地层或坝体内防渗工程	7486.77
塑性混凝土防渗墙	适用性广，深可达 100m 左右；安全可靠；渗透系数 $10^{-6}\sim10^{-8}$ cm/s，具有较大的极限应变，防渗墙防渗效果最好，能满足基础变形，但施工速度相对高喷较慢。一定程度上有利生态和地下水补给要求。适用于砂土、砂壤土、粉土以及砂卵（砾）石各种土层等	7284.49
普通混凝土防渗墙	承受水头大，防渗性能可靠，渗透系数不大于 10^{-9} cm/s，防渗性好，但水泥用量大、造价高，防渗墙适应变形能力差。能适用多种地层，但不利于地下水补给	8536.56

表 8-2　　　　　　　　　社岗堤三种防渗方案消耗能源及 CO_2 排放量计算

设计方案	单位水泥用量	工程量	水泥总量/t	能耗（煤）总量/t	CO_2 排放量/t
塑性混凝土防渗墙	167.55kg/m³	66935m³	11215	2636	7116
普通混凝土防渗墙	300kg/m³	63166m³	20081	4719	12741
高压旋喷灌浆	200kg/m	213200m	42640	10020	27055

三方案耗能比较：高压旋喷灌浆最高，塑性混凝土防渗墙最低

从表 8-1 可知，采用塑性混凝土防渗墙方案技术上可靠，投资也较节省，对地下水补给也较有利。再从节能减排和生态环保方面进行生态比较，先计算各防渗方案的水泥用量，再推算其节能减排数量，最后计算其生态效益。

据相关资料，目前我国生产 1t 水泥需消耗约 235kg 的标准煤，燃烧 1kg 标准煤产生约 $2.7kgCO_2$，则生产 1t 水泥会排放的 CO_2 量：$235\times2.7=634.5$（kg）。从表 8-2 可知，三种技术方案中，高压旋喷喷浆方案所消耗水泥量最大，相应产生的温室气体 CO_2 量也最大，而采用塑性混凝土防渗墙方案耗用水泥量最小，产生温室气体 CO_2 量最小。可见，采用塑性混凝土防渗墙方案，水泥用量少，产生的温室气体排放量最小，较好地实现了节能

减排、生态环保的目标。

2. 塑性混凝土防渗墙方案生态效益计算

从表 8-2 可知，采用塑性混凝土防渗墙方案，至多可减少温室气体 CO_2 排放量为 $27055-7116=19939$（t）。根据中国碳交易平台公布的 2014 年碳交易价格：每吨 CO_2 交易价格为 70 元/t，则社岗堤工程采用塑性混凝土生态加固方案的生态效益计算如下：

塑性混凝土防渗墙方案生态效益为

$$V_1 = 减少的 CO_2 排放量 \times CO_2 交易价格$$
$$= 19939t \times 70 元/t = 1395730 元 = 139.57 万元$$

8.4.3　节能设备生态效益计算

社岗堤加固前原有防汛照明路灯 75 盏（$2 \times 250W$ 钠灯），将全部钠灯改用新型节能 LED 灯（$2 \times 120W$），数量不变，路灯使用寿命延长 2 倍以上，每年可节约电能 85410kWh。

根据资料，每生产 1kWh 电约需 315g 标准煤，消耗 1t 标准煤约产生 2.7t CO_2，则采用节能灯产生的生态效益如下：

节约标准煤数量：$85410kWh \times 315g/kWh = 26904150g = 26.9t$。

节能灯生态效益：$V_2 = 26.9t \times 2.7 \times 70 元/t = 5084.1 元 = 0.51 万元$。

小结：从上述计算可知，该工程建设期实施生态工程方案产生的节能减排生态效益为：$V_1 + V_2 = 139.57 + 0.51 = 140.08$ 万元。

8.4.4　陆域生态系统效益计算

根据社岗堤工程实际和陆域生态效益计算范围规定，该工程加固完成后运行期生态效益即为工程采取生态措施的陆域生态系统的生态效益，该工程生态效益主要有：涵养水源价值、保土价值、调节气候的降温价值、固碳释氧的维持碳氧平衡价值、净化大气环境价值和游憩效益即生态旅游价值。

由于水利工程生态效益是指工程覆盖区域范围内实施水利工程后较工程实施前所产生的有益的影响和有利效果，因此社岗堤加固后生态效益应减去加固前的生态效益，其增量才是运行期工程生态效益。考虑该加固工程实施前仅有堤坡等部分草皮措施具有生态效益，为方便计算，将加固后形成的生态措施量减去加固前生态措施（草皮）量，将增量部分的各种生态措施按一定方法进行计算后即为该工程运行期增量效益，而不必分别进行生态效益计算再相减得到增量。

1. 生态绿化和水土保持面积计算

根据社岗堤生态绿化和水土保持项目实施情况，将社岗堤工程的绿地面积分为纯种草部分和乔灌草部分，社岗堤工程水土保持与生态绿化面积即绿地面积包括植草和乔灌草两部分面积。其中：植草部分包括堤顶植草砖植草、堤后坡坡面植草、堤后反压平台植草、3 号副坝上游左岸植草，共计植草面积为 196852.85m²，约为 19.69hm²，减去加固前植草后实际增量为 148489.85 m²。乔灌草部分包括：社岗堤南段节点（桩号 1+900 处）绿化、社岗堤升平箱涵南侧节点（桩号 2+160 处）及望江亭节点绿化、社岗堤南段入口节点（桩号 3+950 处）绿化、2 号副坝平台广场绿化、3 号副坝上游左岸坡绿化、3 号副坝上游右岸坡绿化，合计面积为 35986.33m²，约为 3.6hm²，社岗堤共计生态绿化面积为 184476.18m²，约 18.45hm²。具体计算见表 8-3。

表 8-3　　　　　　　　社岗堤生态绿化与水土保持（绿地）面积计算表

植草部分/m²	乔灌草部分/m²
1. 堤顶植草砖植草：13924.05	1. 桩号 1+900 处绿化：1010
2. 堤后坡坡面植草：63752.1	2. 桩号 2+160 处及望江亭节点绿化：2066
3. 堤后反压平台植草：112478.7	3. 桩号 3+950 处绿化：344
4. 3 号副坝上游左岸植草：6698	4. 2 号副坝平台广场绿化：17933.23
5. 减去加固前植草：−48363	5. 3 号副坝上游左岸坡绿化：8965.1
	6. 3 号副坝上游右岸坡绿化：5668
小计：148489.85m²	小计：35986.33m²
合计：148489.85+35986.33＝184476.18m²≈18.45hm²	

2. 涵养水源效益 V_3

涵养水源的生态效益即生态价值（下同）：采用替代工程法来评估社岗堤工程涵养水源的生态价值。替代工程法也叫影子工程法，假设存在一个蓄水功能与绿地涵养水源物质量相同的工程，而且该工程是可以计算的，那么该工程的价值就可以替代这个绿地的涵养水源价值。

绿地涵养水源价值的计算公式为

$$V_绿＝L×V_替(Q_绿/Q_替)$$

式中：$V_绿$ 为绿地涵养水源的价值；$Q_绿$ 为绿地涵养水源的总物质量；$Q_替$ 为某替代工程的水容量；$V_替$ 为替代水利工程的价值；L 为发展阶段系数，代表经济发展水平（我国现阶段近似为 0.15）。根据我国每建设 1m³ 库容的水库工程成本花费为 0.67 元人民币，在不考虑支付意愿的前提下，上式可简化为

$$V_绿＝0.67Q_绿$$

社岗堤绿地涵养水源的物质量采用水量平衡法进行计算。绿地年平均降水量等于年涵养水源总量和绿地年平均蒸发量之和。根据我国资源环境常用数据手册，我国森林绿地年蒸发量占全年降水量的 30%~80%，全国年平均蒸发量为 56%。查社岗堤工程当地气象资料，清远市清城区多年平均降水量为 2215mm，多年平均年蒸发量为 1500mm，则社岗堤工程当地降水的 67.7%通过地表径流流走和蒸发消耗掉。因此，社岗堤绿地年均涵养水源量为

$$2215×(1−67.7\%)×184476.18＝131982.6(m³)$$

以同样具有蓄水功能的水库作为替代工程，根上述公式，可计算出社岗堤绿地的涵养水源价值为

$$V_3＝0.67Q＝0.67×131983＝8.84(万元/a)$$

3. 保持土壤效益 V_4

这里主要考虑计算保持表土价值和减轻泥沙淤积价值两个方面内容。

（1）保持表土价值。采用机会成本法对社岗堤绿地的保持土壤价值进行评估。先计算社岗堤绿地的土壤保持物质量。社岗堤绿地土壤保持量根据工程所在地区的潜在土壤侵蚀量与现实侵蚀量之差进行评估。现实土壤侵蚀量是指当前地表覆盖情况下的土壤侵蚀量，潜在土壤侵蚀量则是没有地表土壤覆盖因素和土壤管理因素条件下可能产生的土壤侵蚀量。

社岗堤工程所在地土壤类型为红壤，查有关手册，红壤坡地上裸露荒地的年平均土壤侵蚀模数为 5193t/(km² · a)，林地、园地的年均土壤侵蚀模数为 157t/(km² · a)，则社岗堤工程绿地土壤保持量为

$$（潜在土壤侵蚀模数－现实土壤侵蚀模数）×绿地面积$$
$$=(5193-157)×184476.18m²×10^{-6}$$
$$=929.02（t/a）$$

根据土壤保持量和土壤平均厚度 0.8m 来计算因土壤侵蚀而造成的废弃土地面积，再用机会成本法计算因表土损失而失去的年经济价值。将当地种植经济作物的年均收益 4.5 万元/hm² 作为社岗堤绿地的机会成本。查手册得红壤土的容重为 1.19t/m³，则可计算得出社岗堤绿地保持表土的价值为

$$V_{41}=(929.02×4.5)/(0.8×1.19)$$
$$=0.44（万元/a）$$

（2）减轻泥沙淤积价值。采用替代工程法计算。根据资料，我国每建设 1m³ 库容的水库工程成本为 0.67 元。查得红壤土的容重为 1.19t/m³，根据上面计算社岗堤绿地土壤保持量，可计算得出社岗堤绿地减轻泥沙淤积的价值为

$$V_{42}=(929.02/1.19)×0.67$$
$$=0.05（万元/a）$$

则社岗堤绿地保持土壤价值为

$$V_4=V_{41}+V_{42}=0.44+0.05=0.49（万元/a）$$

4. 调节气候效益 V_5

绿地调节气候的功能主要表现为能够改善城市的热岛效应，起到降温增湿的作用。社岗堤位于清远市清城区飞来峡镇飞来峡水利风景区核心景区范围，可参考城市的角度，采用替代工程法计算社岗堤绿地的降温增湿价值。

参考国内外研究测定的数值，每 1hm² 绿地平均每天在夏季可以从环境中吸收 81.8MJ（兆焦耳）的热量，相当于 189 台（约 1.5 匹）空调全天工作的制冷效果。因此，可利用空调作为绿地调节温度功能的替代物，以空调降低同样温度的耗电费用作为绿地调节温度的价值。

设一台空调耗电 0.86kWh/(台 · h)，根据工程当地居民用电价格为 0.65 元/kWh，则可以容易计算出 189 台空调运行 24h 的耗电量，即

$$1hm²绿地每天调节温度的价值=189×(0.86×0.65)×24=2535.6(元/hm²)$$

根据当地气象条件，假设绿地发生调温效果每年按夏秋季 4 个月（即 6—9 月），每月运行 15d，合计运行 60d 计算，而能够有效降温的绿地主要是有林绿地，即 2 号副坝平台广场绿化 17933.23m² 部分，则可以算出社岗堤绿地调节温度（即调节气候）总价值 V_5 为

$$V_5=18.45×2535.6×60=280.7(万元/a)$$

5. 固碳释氧维持碳氧平衡效益 V_6

根据北京市园林科学研究所陈自新研究成果，$1hm^2$ 绿地日吸收二氧化碳 CO_2 和释放氧气 O_2 数量为分别为 1.767t/d 和 1.23t/d；根据植物生长与光合作用原理，在下雨天气中，由于环境中水分达到饱和状态，植物叶片细胞吸水膨胀，导致叶片上的气孔关闭，因而光合作用的年总量时间需要扣除植物生长的雨天日数；查清远市气象局资料，社岗堤工程所在地多年平均日照时间为 1688h，转换为有效日照天数为 139d；根据前面计算的社岗堤工程绿地数量约为 $18.45hm^2$，对该工程绿地吸收 CO_2 和释放 O_2 数量进行计算，见表 8-4。

表 8-4　　　　　　　　　社岗堤绿地吸收 CO_2 和释放 O_2 量计算表

绿　　地	日吸收 CO_2/(t/d)	日释放 O_2/(t/d)
$1hm^2$	1.767	1.230
$18.5hm^2$	32.7	22.8
有效日照天数/d	139	139
多年平均数量/t	4545.3	3169.2

（1）计算固碳价值 V_{61}。采用碳税法和造林成本法分别计算社岗堤绿地的固碳价值。

根据国际通用的瑞典碳税率为 150 美元/t（C），按 2015 年美元兑人民币的年平均汇率 6.228，折合人民币为 934.2（元/t）。

查阅中国碳交易平台交易价格，2015 年每吨 CO_2 交易价为 70（元/t），折合 C 价格为 $70 \times 44/12 = 256.7$（元/t）。

我国平均造林成本为 240.03（元/m^3），折合 CO_2 价格为 260.9（元/t），折合 C 价格为 956.63（元/t）。

从表 8-4 可知，社岗堤绿地 CO_2 固定量为 4545.3（t/a），根据 CO_2 分子式容易计算绿地固碳量 $= 4545.3 \times 12/(12 + 16 \times 2) = 1239.6$（t/a）。

1）根据瑞典碳税法计算的社岗堤绿地固碳价值为
$$1239.6 \times 934.2 = 115.8（万元/a）$$

2）根据造林成本法计算的社岗堤绿地固碳价值为
$$1239.6 \times 956.63 = 118.6（万元/a）$$

将上述两种方法的计算值平均，得出社岗堤绿地每年固碳的生态价值为
$$V_{61} = (115.8 + 118.6)/2 = 117.2（万元/a）$$

（2）计算释氧价值 V_{62}。氧气的生态效益参照中国环境出版社出版的《中国生物多样性国情研究报告》（1998 年）中引用的数据，工业生产氧气价格为 400（元/t）；我国造林成本为 240.03 元/m^3，折合 CO_2 价格为 260.9（元/t），折合 O 价格为 358.74（元/t）。从表 8-4 可知，社岗堤多年平均释放氧气量为 3983.60t/a，则：①根据工业制氧法可计算出社岗堤释氧生态价值为 $3169.2 \times 400 = 126.8$（万元/a）；②根据造林成本法可计算出社岗堤绿地释氧生态价值为 $3169.2 \times 358.74 = 113.7$（万元/a）。

将上述两种方法的计算值平均，得出社岗堤绿地释氧生态价值为
$$V_{62} = (126.8 + 113.7)/2 = 120.3（万元/a）$$

则社岗堤绿地固碳释氧维持碳氧平衡生态效益 V_6 为

$$V_6 = V_{61} + V_{62}$$
$$= 117.2 + 120.3$$
$$= 237.5 (万元/a)$$

6. 净化大气环境效益 V_7

绿地净化大气环境功能价值主要体现在吸收有毒气体和滞尘降尘两个方面。大气中有许多有毒气体，其中 SO_2 有害气体数量最多、分布最广，危害也较大，如燃烧火力发电厂和汽车尾气排放中均有 SO_2。许多树木对有毒气体都具有一定程度的吸收作用，通过树木的树叶吸收或树木体内代谢分解转化，从而降低大气有毒气体浓度。此外，绿地能降低大气中的粉尘量，主要通过绿地的树木降低风速使大气中的粉尘降落，或通过树叶吸附大气中的粉尘，树体吸尘后经降雨淋洗滴落林地，从而形成滞尘能力；当然草地对粉尘也有吸附作用。

采用恢复费用法计算社岗堤绿地吸收 SO_2 的生态价值以及滞尘降尘的生态价值。社岗堤绿地中，能产生这两种功能的绿地主要是 2 号副坝施工迹地改造形成的生态文化园和 3 号副坝上游右岸坡等具有乔灌木的绿地，这部分有林绿地面积为 $35986.33m^2$，即 $3.6hm^2$。

(1) 计算吸收 SO_2 生态价值。根据中国环境出版社出版的《中国生物多样性国情研究报告》(1998 年) 有关资料，阔叶林对 SO_2 的平均吸收能力值为 $88.65kg/(hm^2 \cdot a)$，针叶林对 SO_2 的平均吸收能力值为 $215.6kg/(hm^2 \cdot a)$，松杉林对 SO_2 的平均吸收能力值为 $117.6kg/(hm^2 \cdot a)$，三者平均值为 $140.6kg/(hm^2 \cdot a)$。则社岗堤有林绿地年吸收 SO_2 的量为 $140.6kg/(hm^2 \cdot a) \times 3.6hm^2 = 0.51(t/a)$。

查有关资料，我国消减 SO_2 的平均治理费用为 $600(元/t)$，则社岗堤有林绿地净化 SO_2 的生态价值 $V_{71} = 0.51 \times 600 = 0.031(万元/a)$。

(2) 计算滞尘降尘生态价值。同样用恢复费用法计算。考虑到树木和草地均对粉尘具有一定的吸附作用，这里将社岗堤全部绿地面积考虑计算在内，从表 8-3 可知工程绿地面积即吸附面积为 $18.45hm^2$。

根据国内有关研究资料，城市绿地每公顷每年的滞尘量平均为 $10.9t/(hm^2 \cdot a)$，则可计算社岗堤绿地滞尘量为 $10.9 \times 18.45 = 201.10(t/a)$。

根据国内有关资料，消减尘土的平均单位治理成本为 $170(元/t)$，则社岗堤绿地滞尘价值 $V_{72} = 201.10 \times 170 = 3.42(万元/a)$。

社岗堤绿地净化大气环境效益 $V_7 = V_{71} + V_{72} = 0.031 + 3.42 = 3.45(万元/a)$。

从上述计算可知，社岗堤绿地对净化大气环境的效益不太明显，这也与社岗堤绿地面积不大，树林不够多，地域较空旷的实际相符。

7. 游憩效益 V_8

(1) 游憩与游憩效益。游憩来源于英语 recreation，意思是恢复更新，原意是 "to refresh"，含有 "休养" 和 "娱乐" 两层意思，通俗讲即游憩含有游览游玩与休息的意思。

游憩是个人或团体于闲暇时间从事的活动。游憩的内涵至少应当包含 3 个方面：①从产业角度，游憩是广泛意义上的旅游；②从地理角度，游憩是作为城市的一项基本功能，它是在城市范围内（包括城市区、城市郊区，乃至城市附近周边区域）进行的活动，而区别于休闲的随意性；③从行为心理角度，游憩是物质追求与精神追求的统一体。此外，游憩过程又是一种能量生产、消耗和积蓄的过程，游憩系统是城市社会能量储存与生产系统。游憩过程也是获取能量的过程，使游憩者有更充沛的精力、更丰富的知识、更健康的身体从事生产和创造性活动，促进社会物质文明和精神文明的发展。

游憩效益即游憩的生态效益，或者叫生态旅游价值，是指满足人们观赏娱乐、休闲、休息等产生的效果。理论上游憩效益是满足人们心理或生理需求的精神损益，是一种虚拟难于度量的效用或价值。但实际生活中又可以一定的方法进行替代表示，可以根据替代花费、机会成本、支付意愿、边际效用等原理，利用相关市场的消费行为来评价生态绿地特别是具有观赏性的绿地价值。当然，这种方法计算评价获得的游憩效益是一种替代价值。

社岗堤工程的绿地包括水土保持生态绿化和生态文化建设项目，位于飞来峡水利枢纽水利风景区核心区内，可采用间接评价方法对其进行效益评价。目前国内对于游憩价值的核算主要有旅行费用法、改进的旅行费用法、条件价值法和收益资本化法四种，常用的方法有两种：旅行费用法（TCM）和条件价值法（CVM）。目前我国广泛采用的是旅行费用法，这里也采用旅行费用法计算社岗堤绿地的游憩效益。

（2）旅行费用法。旅行费用法（TCM）是一种评价无价格商品的方法，常用来评价那些没有市场价格的自然景点或游憩环境的旅游价值。旅行费用法起源于哈泰里（Hotelling）的思想，最早由美国的克劳森（Clawson）于1959年确切提出，并于1966年被正式引入文献。因此，TCM又名为克劳森法。在我国的运用最早开始于20世纪80年代对张家界国家森林公园的游憩价值测算。

利用旅行费用来算环境质量发生变化后给旅游场所带来效益上的变化，从而估算出环境质量变化造成的经济损失或收益。人们游览风景区特别是公益性的景区（飞来峡水利枢纽风景区就属于公益性景区）通常不付费或付费很少，旅行费用主要是交通费、时间的机会成本等，通过调查，建立起某旅游场所的年游览人次与旅行费用和其他因素的相关回归函数。

旅行费用法是通过人们的旅游消费行为来对非市场环境产品或服务进行价值评估，并把消费环境服务的直接费用与消费者剩余之和当成该环境产品的价格，这二者实际上反映了消费者对旅游景点的支付意愿。直接费用主要包括交通费、与旅游有关的直接花费及时间费用等。消费者剩余则体现为消费者的意愿支付与实际支付之差。即

游憩效益＝消费环境服务直接费用＋消费者剩余

直接费用＝交通费＋时间费用＋与旅游相关的直接费用

消费者剩余＝消费者意愿支付－消费者实际支付

为了全面计算所有消费者剩余之和，须推断出对评价地点的旅游需求曲线，这也是应用旅行费用法最关键的步骤。推导旅游需求曲线主要包括以下步骤：

1）定义和划分旅游者的出发地区。以评价场所为圆心，把场所四周的地区按距离远近分成若干个区域。距离的不断增大意味着旅行费用的不断增加。

2）在评价地点对旅游者进行抽样调查。例如，站在评价地点的入口处，询问每个旅

游者的出发地点，收集相关信息，以便确定用户的出发地区、旅游率、旅行费用和被调查者的社会经济特征。

3）计算每一区域内到此地点旅游的人次（旅游率）。

4）求出旅行费用对旅游率的影响。根据对旅游者调查的样本资料，用分析出的数据，对不同区域的旅游率和旅行费用以及各种社会经济变量进行回归，求得第一阶段的需求曲线即旅行费用对旅游率的影响。

$$Q_i = f\ (C_{T_i},\ X_1,\ X_2,\ \cdots,\ X_n)$$

$$Q_i = a_0 + a_1 C_{T_i} + a_2 X_i$$

$$Q_i = \frac{V_i}{P_i}$$

式中：Q_i 为旅游率；V_i 为根据抽样调查的结果推算出的 i 区域中到评价地点的总旅游人数；P_i 为 i 区域的人口总数；C_{T_i} 为从 i 区域到评价地点的旅行费用；X_i 为包括 i 区域旅游者的收入、受教育水平和其他有关的一系列社会经济变量，$X_i = (X_1,\ \cdots,\ X_n)$。

5）估计实际旅游需求曲线。第四步中的公式 $Q_i = a_0 + a_1 C_{T_i} + a_2 X_i$，实际上反映的是不同区域旅游率与旅行费用的关系，有了这种关系，就可以进一步估计出不同区域内的总旅游人数及其如何随着门票费的增加而变化，从而得到一系列实际的需求曲线。首先，根据公式计算当门票费为 0 时不同区域内的总旅游人数。这也是对评价地点的最大需求数量。然后，逐步增加门票费的价格（实际上相当于增加旅游费用）来确定当边际旅游费用增加时对不同区域内旅游人数的影响，并将每个区域内的旅游人数相加，就可以确定旅游费用的边际变化与总旅游人口的关系。这一过程持续下去，直到旅游总人口为 0。这样就得到一条对评价地点的需求曲线。

值得注意的是，这条需求曲线是基于调查所得的旅游费用与旅游人数关系基础上预测出来的，曲线背后的关键假设是当旅游费用增加时，旅游人数会下降。

6）计算每个区域的消费者剩余。有了上述需求曲线，就可以估算出总消费者剩余，这一剩余表现为需求曲线下面的面积。用数学方法进行计算则是对需求曲线方程从 0 到 V_0 进行积分。将消费者剩余与旅行总费用相加，即是旅游者对评估地点的总价值。

（3）条件价值法。条件价值法（CVM）目前在我国旅游资源游憩价值评估中缺乏实证研究。我国学者陈红（2004）曾以伊春五岭国家森林公园为例对条件价值法进行了介绍。条件价值法是应用市场技术，从消费者的角度出发，先向公众提出一个假设存在的交易市场，通过直接调查人们的支付意愿 WTP 或补偿意愿 WTA，从而获得人们对该旅游资源的平均支付意愿或补偿意愿，再结合调查区人口总量就可得出人们总的支付意愿。评价方法一般程序为：①设计问卷，建立假想市场。对相关环境变化进行必要说明，使被调查者能充分了解相关环境信息。②获取标价。运用各种调查方式，可以通过面对面访谈、电话访谈或邮件访问等进行。在问卷调查中，接受调查对象被要求就某一环境状况变化回答其支付意愿或接受补偿意愿。

（4）游憩价值评估的影响因素。游憩价值评估的影响因素主要包括两个方面：运用的评估方法和价值评估对象自身的特点。不同评估方法的适用性成为影响旅游资源游憩价值的重要因素。比如国内目前进行的游憩价值评估较少采用CVM法，主要是基于对我国国情的考虑，由于国内通常缺乏对消费者进行市场调查的传统，因此被调查者可能因为难于理解这一方式而不能给出他们真实的支付意愿，并且这一方法的调查结果往往取决于被调查者如何理解某一环境变化可能对其自身的影响，被调查者的环境意识以及政府对环境信息的公开程度等都会影响到评估结果的准确性；另外，还有可能存在因收入过低，被调查者往往支付能力不足，从而出现支付意愿低于实际价值的情况。这些实际因素都会大大影响CVM的核算结果。而景区的级别、游客的收入、数量及人口结构等都是影响游憩价值评估的因素。如我国的一些学者在对一些景区的游憩价值进行评估后，得出非农业人口数、游客所在地的国内生产总值与游林率呈正相关关系，而与农业人口数、旅行费用呈负相关关系。

（5）社岗堤游憩效益推算。从上述旅行费用法的计算方法和步骤可知，要计算出社岗堤工程的旅游效益，必须进行一定的社会旅游人数的随机整群抽样调查，但考虑到飞来峡水利枢纽风景区从2015年开始已经改为公益性旅游景区，并且是广东省爱国主义教育基地和省直机关关心下一代工作委员会的最佳活动基地，每年接受大量的大、中小学生来飞来峡水利枢纽参观学习，是公益性的、不收取任何费用。因此可以参考2015年以前的旅游参观人数和旅游收入，对飞来峡水利枢纽景区由于社岗堤生态文化园区的建设而增加的旅游和参观人数进行近似推算。

社岗堤工程建设的水土保持生态绿化工程和生态文化园位于飞来峡水利枢纽作为国家AAAA风景区的核心景区内，其建设展示了飞来峡建设历史、中国古代治水故事、水利书法作品、楹联等，直接提升了风景区的文化内涵和生态旅游价值，增加了风景区的观赏景点，直接提高了景区生态旅游和社会效益，同时也极大地提升了飞来峡镇区居民的生活品质，生态旅游和社会效益显著。

据管理单位景区办统计，社岗堤工程及其生态文化园于2015年建成后，到飞来峡水利风景区的公益性参观人数从工程建设前的每年45.5万人，增加到每年50.7万人，净增加5.2万人，参考从前收费时的收费标准，社岗堤工程建成后的收入将增长15％以上；参考清远市旅游部门的旅游收入计算办法，其游憩效益即生态旅游效益可增加231万元。

8.4.5 工程总体生态效益计算

1. 该工程建设期节能减排生态效益

对于采用太阳能监测系统的生态效益，由于设备用电极少，忽略不计。因此，社岗堤工程建设期节能减排的生态效益包括：塑性混凝土防渗墙方案的生态效益、采用节能产品的生态效益。因此，社岗堤工程建设期产生的生态效益如下：

（1）采用塑性混凝土防渗墙方案的生态效益为139.57万元。

（2）工程采用节能产品的生态效益为0.51万元。

综上，社岗堤建设期节能减排效益为139.57＋0.51＝140.08万元。

2. 该工程运行期产生的生态效益

该工程加固建设实施采用各种生态措施后，其增量生态生态效益即为工程建成运行期生态效益，主要包括如下：

（1）涵养水源的生态效益为 8.84 万元/a；

（2）保持土壤（包括保持表土和减少淤积）生态效益为 0.49 万元/a；

（3）调节气候的生态效益为 280.7 万元/a；

（4）绿地固碳释氧维持碳氧平衡生态效益为 237.5 万元/a；

（5）净化大气环境（包括滞尘和吸收 SO_2）的生态效益为 3.45 万元/a；

（6）游憩效益（生态旅游价值）为 231 万元/a。

综上，社岗堤工程运行期年均生态效益为

$$V_3 + V_4 + V_5 + V_6 + V_7 + V_8 = 8.84 + 0.49 + 280.7 + 237.5 + 3.45 + 231$$
$$= 761.98 \text{ 万元}$$

即社岗堤加固工程运行期年均生态效益为 761.98 万元。

8.5　小结

本章对堤防工程生态效益进行了定量分析与计算，突破了水利工程对生态效益仅仅进行定性描述的做法。社岗堤工程采用三因素比选设计新方法，根据党中央生态文明建设指导思想和建设生态水利工程的要求，通过对主要加固技术方案增加生态比选，并对各方案措施的生态效益进行定量化分析计算，打破了传统水利工程仅仅进行国民经济评价和财务分析评价的做法。通过对工程建设生态方案按照节能减排的思路进行生态效益定量化计算，对工程采用的节能产品按照节电节能和减少碳排放进行生态效益计算，并对工程建设中采取的各种水土保持与绿化等生态措施进行生态效益定量化分析，也突破了水土保持生态建设仅仅对生态效益进行定性描述的传统做法。

从本章论述可知，社岗堤工程的生态效益计算，根据具体情况分别采用了相应的不同方法：

（1）采用我国碳排放交易价格对工程加固方案和节能产品的节能减排（CO_2）进行生态效益定量化计算。

（2）用替代工程法来评估社岗堤工程涵养水源的生态价值。

（3）采用机会成本法对社岗堤绿地的保持土壤价值进行评估；采用替代工程法计算社岗堤绿地减轻泥沙淤积的价值。

（4）采用国际通行的碳税法和造林成本法计算社岗堤水保与生态绿化的固碳生态效益。

（5）采用替代工程法和造林成本法，按照工业生产氧气价格对水保及生态绿化产生的 O_2 量进行生态效益计算（如果采用医用氧气进行计算则效益更高）。

（6）采用恢复费用法计算社岗堤绿地吸收 SO_2 的生态价值以及滞尘降尘的生态价值。

（7）利用旅行费用法来计算环境质量发生变化后给旅游场所带来效益上的变化，即游憩生态效益。

这些都是对水利工程生态效益定量化计算的一种尝试。通过上述方法计算得到了社岗堤加固工程总生态效益为 1003.541 万元。上述各种生态效益的计算方法详见表 8-5。

表 8 - 5   社岗堤工程建设期与运行期生态效益计算成果表

序号	生态效益计算项目	计 算 方 法	生态效益/万元
1	防渗方案节能减排	我国碳排放交易价格	139.57
2	节能产品减排效益	我国碳排放交易价格	0.51
小计	工程建设期节能减排效益		140.08
3	涵养水源生态价值	替代工程法	8.84
4	保持表土价值	机会成本法	0.44
5	减少淤积价值	替代工程法	0.05
5	调节气候价值	替代工程法	280.7
6	固碳价值	碳税法、造林成本法	117.2
7	释氧价值	工业制氧法、造林成本法	120.3
8	净化大气环境效益	恢复费用法	3.45
9	游憩效益价值	旅行费用法	231
小计	工程运行期生态效益		761.98

当然，鉴于该工程为堤防加固项目，功能比较单一，这里只计算了社岗堤工程塑性混凝土防渗墙方案的生态效益、采用节能产品的生态效益和工程陆域生态系统的生态效益等三部分，其他生态效益忽略计算；由于社岗堤建设基本没有涉及水域和水陆交错带，因而没有对水域生态系统生态效益和水陆交错带生态效益进行定量计算；涉及这两方面的生态效益问题的水利工程（如水库枢纽工程等），其生态效益的定量计算将更复杂。

从表 8 - 5 可知，社岗堤工程各种生态效益中，调节气候的生态效益是最显著、最大的，其次是游憩价值、释氧价值、节能减排、固碳价值、涵养水源和净化大气环境价值，其他效益则较小。

从社岗堤建成后运行实际的生态效果来看，完工后的社岗堤及其生态文化融合工程，绿茵如盖、空气清新、环境优美、以人为本、方便群众。上述计算结果完全符合社岗堤实际情况。社岗堤建设中根据地形条件和生态堤防的建设目标，大量采用了节能减排技术、节能产品、水土保持技术、生态绿化技术、水生态与水文化融合技术，最大限度地进行生态建设，其建成后对小气候的改善是非常明显的。社岗堤及其生态文化园位于飞来峡AAAA级水利风景区的核心区域，我们在建设过程中充分利用地形地貌条件、贯彻以人为本、生态与文化整合的原则，工程建成后已经成为当地居民休闲旅行的好去处，每天成千上万的居民和旅客来社岗堤及其生态文化园休闲运动，已经成为名副其实的生态水利工程和民生工程，社岗堤水土保持与生态绿化工程荣获了 2019 年度中国水土保持学会优秀规划设计奖；同时，社岗堤工程还获得了 2020 年度广东省优质水利工程一等奖，飞来峡水利枢纽作为广东省爱国主义教育基地、省直机关关心下一代工作委员会的最佳活动基地，其社会效益非常显著。

参 考 文 献

[1] 中水珠江规划勘测设计有限公司. 飞来峡水利枢纽社岗防护堤除险加固工程初步设计报告 [R]. 2014.

[2] 王清友, 孙万功, 熊欢. 塑性混凝土防渗墙 [M]. 北京: 中国水利水电出版社, 2008.

[3] 中华人民共和国水利部, 国家统计局. 第一次全国水利普查公报 [R]. 2013.

[4] 董哲仁. 生态水工学的理论框架 [J]. 水利学报, 2003 (1): 1-4.

[5] 董哲仁. 生态水工学探索 [M]. 北京: 中国水利水电出版社, 2007.

[6] 钟鸣辉. 飞来峡水利枢纽社岗防护堤除险加固工程防渗方案比选 [J]. 中国水利, 2016 (6): 33-35.

[7] 钟鸣辉. 飞来峡水利枢纽社岗防护堤加固工程智慧生态堤防建设关键技术 [C] //中国水土保持学会规划设计专业委员会. 2016 年年会暨学术交流会, 2016.

[8] 钟鸣辉. 水利水电工程生态设计理念和思路探讨 [J]. 广东水利水电, 2018 (6): 8-11.

[9] 钟鸣辉, 范穗兴, 杨沂, 等. 生态设计理念在飞来峡水利枢纽社岗堤加固工程中的运用 [J]. 广东水利水电, 2019 (5): 1-4.

[10] 钟鸣辉. 水土保持与水文化融合建设理念及实践 [C] //中国水土保持学会规划设计专业委员会. 2020 年年会暨学术交流会, 2020.

[11] 朱三华, 黎开志, 刘飞. 浅析生态堤防设计 [J]. 人民珠江, 2005 (增刊2): 17-18.

[12] 詹拯怡. 浅析生态堤防设计 [J]. 中国水运, 2015 (3): 279-280.

[13] 王忠静, 王光谦, 王建华, 等. 基于水联网及智慧水利提高水资源效能 [J]. 水利水电技术, 2013 (1): 1-6.

[14] 左其亭. 中国水利发展阶段及未来 "水利4.0" 战略构想 [J]. 水电能源科学, 2015 (4): 1-5.

[15] 唐克旺. 水生态文明的内涵及评价体系探讨 [J]. 水资源保护, 2013, 29 (4): 1-4.

[16] 盖永伟, 刘恒, 耿雷华, 等. 中国特色水利现代化内涵与特征浅析 [J]. 中国水利, 2015 (8): 6-9.

[17] 高之栋, 穆如发. 河道生态修复技术基本构想 [J]. 水土保持研究, 2006, 13 (6): 32-33.

[18] 庞靖鹏. 关于推进 "互联网＋水利" 的思考 [J]. 中国水利, 2016 (5): 6-8.

[19] 刘春丽, 刘信勇. 生态防洪堤建设关键技术方案探讨 [C] //第八届全国河湖治理与水生态文明发展论坛论文集, 2016: 355-357.

[20] 马兴冠, 高春鑫, 冷杰雯, 等. 智慧河流体系构建及生态评估管理实现 [J]. 中国水利, 2016 (12): 5-9.

[21] 童庆禧, 2015. 我们如何构筑智慧城市 [J]. 智能城市, 2016 (1): 005.

[22] 赖勇, 施林祥, 郑旭明. 山区河道生态防洪堤关键问题及对策 [J]. 中国农村水利水电, 2011 (9): 142-144.

[23] 肖上光. 山区河道生态防洪堤建设分析 [J]. 内蒙古水利, 2013 (2): 54-56.

[24] 贾超, 虞未江, 李康, 等. 水生态文明建设内涵及发展阶段研究 [J]. 中国水利, 2018 (2): 5-7.

[25] 陈自新. 北京城市园林绿化生态效益的研究 [J]. 天津建设科技, 2001 (Z1): 11.

[26] 古润泽, 李延明, 谢军飞. 北京市城市园林绿地生态效益的定量经济评价 [J]. 生态科学, 2007, 26 (6): 519-524.

[27] 丁向阳, 董桂萍. 论生态城市绿地生态系统的生态效益 [J]. 地域研究与开发, 2005, 24 (3): 53.

[28] 王恩, 章银柯, 林佳莎, 等. 杭州西湖风景区绿地货币化生态效益评价研究 [J]. 西北林学院学

报，2011，26（1）：209-213.

[29] 苏丹，陈珂，祝业平，等．老秃顶子自然保护区生态系统服务效益计算 [J]．西北林学院学报，2009，24（2）：224-228.

[30] 谢红霞，任志远，李锐．陕北黄土高原土地利用/土地覆被变化中植被固碳释氧功能价值变化 [J]．生态学杂志，2007，26（3）：319-322.

[31] 国家环境保护局．中国生物多样性国情研究报告 [M]．北京：中国环境科学出版社，1998.

[32] 毛文永，等．资源环境常用数据手册 [M]．北京：中国科学技术出版社，1992.

[33] 李晶，任志远．秦巴山区植被涵养水源价值测评研究 [J]．水土保持学报，2003，17（4）：132-134.

[34] 欧阳志云，王效科，苗鸿．中国陆地生态系统服务功能及其生态经济价值的初步研究 [J]．生态学报，1999，19（5）：607-613.

[35] 水建国，叶元林，王建红，等．中国红壤丘陵区水土流失规律与土壤允许侵蚀量的研究 [J]．中国农业科学，2003，36（2）：179-183.

[36] 李忠魁，周冰冰．北京市绿地资源价值初报 [J]．林业经济，2001（2）：36-42.

[37] 王成，周金星．城镇绿地生态功能表现的尺度差异 [J]．东北林业大学学报，2002，30（3）：107-111.

[38] 陈自新，苏雪痕，刘少宗，等．北江城市园林绿化生态效益的研究 [J]．中国园林，1998，14（55）：57.

[39] 刘丹．生态林投入产出分析的方法论研究 [C] //第二届环境经济和可持续发展研讨会论文集，2002.

[40] 王浩．城市生态园林与绿地系统规划 [M]．北京：中国林业出版社，2003.

[41] 吴文涛．游憩效益货币化评价研究 [J]．合肥工业大学学报（自然科学版），2005，28（8）：944-946.

[42] 薛达元，包浩生，李文华．长白山自然保护区生物多样性旅游价值评估研究 [J]．自然资源学报，1999，14（2）：140-144.

[43] 陈波，庐山．杭州西湖风景区绿地生态服务功能价值评估 [J]．浙江大学学报，2009，35（6）：686-690.

[44] 毛文永，白选宏，李忠．资源环境常用数据手册 [M]．北京：中国科学技术出版社，1992.

[45] 陈自新，苏雪痕，刘少宗，等．北京城市园林绿化生态效益的研究 [J]．中国园林，14（1）：56-57，14（2）：51-54，14（3）：53-56，14（4）：46-49，14（5）：57-60.

[46] 田国行，杨文峰，等．郑州城市绿地生态效益与优化配置研究 [J]．河南科学，2001，3（19）：300-303.

[47] 靳芳，鲁绍伟，余新晓，等．中国森林生态系统服务功能及其价值评价 [J]．应用生态学报，2005，16（8）：1531-1536.

[48] 陈仲新，张新时．中国生态系统效益的价值 [J]．科学通报，2000，45（1）：17-22.

[49] 邢星，张志强．广州市森林生态效益计量及生态公益林补偿 [J]．河北林果研究，2006（2）：140-143.

[50] 张小红，杨志峰，毛显强，等．广州市公益林生态效益价值分析及管理对策 [J]．林业科学，2004，40（4）：20-26.

[51] 马骞，于兴修．水土流失生态修复生态效益评价指标体系研究进展 [J]．生态学杂志，2009，28（11）：2381-2386.

[52] 郭志新，杨海燕，袁良济．中国森林生态系统服务功能价值评估研究进展与趋势 [J]．安徽农业科学，2010，38（3）：1554-1556.